Frédéric et Pierre Lepeltier

THEORIE
I - LA REPRESENTATION MENTALE
DE L'UNIVERS

Juin 2014

Allons, je vais te dire et tu vas entendre quelles sont les seules voies de recherche ouvertes à l'intelligence;
l'une, que l'être est, que le non-être n'est pas, chemin de la certitude, qui accompagne la vérité;
l'autre, que l'être n'est pas: et que le non-être est forcément, route où je te le dis, tu ne dois aucunement te laisser séduire.
Tu ne peux avoir connaissance de ce qui n'est pas, tu ne peux le saisir ni l'exprimer; car le pensé et l'être sont une même chose.

Parménide (Poème, circ. 480 av. JC)

SOMMAIRE

Préface

Le temps est venu de « repenser » le monde.

Toutes les pièces de cette « nouvelle représentation de l'Univers », qui en est aussi, au sens propre, une métamorphose sont réunies sous nos yeux, à la manière d'un puzzle : il ne manque plus qu'à les mettre en ordre, à les assembler dans une « Théorie unifiée ».

Les principes de base de cette Théorie, objectif annoncé, approché, mais jamais atteint de la démarche scientifique, sont aujourd'hui posés.

- *établir un modèle cohérent, complet et dynamique de l'Univers,*
- *produire le « Code » unifié de la Matière, du Vivant et de la Psyché,*
- *réaliser l'alliance attendue des pensées scientifique et mythique en une nouvelle Raison,*

Et ainsi, instaurer (pour un bref instant) le temps du « monde fini ».

On appelle « crise » la situation actuelle du monde parce qu'elle échappe (c'est le moins que l'on puisse dire) à notre volonté. Nous la subissons et les victoires technologiques accumulées ne font pas oublier les énigmes invaincues. Apprivoiser le réel, rendre le futur « lisible » nous doterait d'un pouvoir accru, celui de déchiffrer l'avenir et d'investir nos efforts avec prescience.

La raison telle que nous l'avons retenue de l'héritage des Anciens et en tout premier lieu d'Aristote, telle qu'elle s'est infléchie, enrichie – et au même moment appauvrie - sous l'influence de la pensée scientifique, n'a cessé d'exclure de son champ des pans entiers de la production psychique.

C'est comme si, pour mieux comprendre et conquérir le monde, elle avait du abandonner ses terres natales et brûler ses vaisseaux : le champ de la « déraison » est plus vaste aujourd'hui qu'hier. Certains vont jusqu'à penser que « le monde est fou ».

Là est l'unique cause du sentiment diffus, mais omniprésent que l'homme s'est perdu, incapable de se projeter dans le futur.

Le temps est donc venu de ré-annexer ces territoires à nos conquêtes modernes, pour reconstituer, dans ses vraies dimensions, l'Empire de la Raison.

L'édifice de notre connaissance rationnelle du monde s'est, au fil des derniers siècles, affranchi de ses racines au point de les renier. Cette ingratitude le fragilise et, à sa suite, la fantastique aventure de l'humanité.

Ce n'est pas que les bases de nos sciences « fondamentales » (ainsi très paradoxalement dénommées) soient caduques, mais plus « radicalement » que l'édifice scientifique a perdu ses fondations.

Reconnaissons que ceci ne nous empêche pas de conquérir la Lune et de viser de nouvelles planètes, de concevoir des machines, des systèmes et des réseaux de plus en sophistiqués, pas plus que ça ne gêne notre vie quotidienne.

Mais, ainsi bâtie, notre connaissance ne nous permettra ni de percer les secrets de la matière, ni de saisir les mystères de la vie et, encore moins, de pénétrer les profondeurs de l'activité psychique.

Les savants de toutes spécialités peuvent s'évertuer à construire de nouveaux étages à l'édifice de nos connaissances, chercher toujours plus loin dans l'infiniment grand ou l'infiniment petit. Ils ne font que fragiliser plus encore cette tour dérisoire, s'épuisant à la poursuite non pas d'un Graal, mais d'une incertitude croissante, poussés par une soif inextinguible qui s'exacerbe un peu plus à chaque gorgée.

Les crédules, les conformistes et tous ceux – dont les décideurs de nos sociétés - qui ont décidé une fois pour toute de laisser la science aux experts admirent, béats, les progrès de la complexité. Molière et Andersen seraient bienvenus à rééditer leur satire : « Le roi est nu », mais le règne des idées reçues n'en finit pas de finir.

La science tourne, chaque jour un peu plus, le dos à la connaissance. Faut-il s'étonner, alors, que tous les étages de l'activité sociale, économique et intellectuelle de la société humaine nous renvoient cette image angoissante d'incertitude ?

Le paradigme – en son sens premier – explicité ici par les auteurs n'est pas neuf. Platon le développe il y a 23 siècles dans le *Timée* et Erwin Schrödinger il y a 60 ans l'exprime sous une forme moderne, mais tout aussi lumineuse :

« La matière est une image dans notre esprit – l'esprit est donc antérieur à la matière » (*Physique quantique et représentation du monde*).

Le propre des grands génies (Einstein, Heisenberg et quelques autres ont eu la même intuition) est de montrer, avec générosité et clairvoyance, aux générations qui les suivent, la voie à poursuivre.

Nous y répondrons par la respectueuse ingratitude des fils qui proclament à la fois leur parenté et leur originalité accomplissant la part qui leur revient dans cet exaltante œuvre de déchiffrement.

Forts des savoirs de tous ordres accumulés au cours des dernières décennies et en renouant les fils de la pensée mythique ou sauvage et de la réflexion scientifique, nous pourrions énoncer ainsi ce paradigme :

Héritée de notre enracinement dans la matière et de toutes nos métamorphoses successives, notre représentation du monde structure celui-ci à son tour.

Aucun univers ne peut être perçu, conçu ou même imaginé qui ne trouve d'abord sa forme dans l'esprit. Le sujet, l'observateur, ce paria de la pensée scientifique intégriste qui parasite les expériences et rend ambigus les états de la matière, est, en fin de compte, le seul et vrai lieu de la connaissance.

L'instance mentale de l'Univers contient tout ce que nous pouvons percevoir, concevoir, imaginer de cet Univers dans l'éternité de sa durée et l'infini de son étendue.

C'est dans ce « modèle parfait », seul susceptible de nous promouvoir au rang d' « observateur omniscient » (tel que décrit par Laplace), qu'il faut chercher.

C'est donc cette « représentation mentale » que nous allons « interroger ».

Dès la première esquisse de cette audacieuse curiosité, vont ainsi « surgir », non pas de l'Univers, mais de son image primitive et muette, les formes et les nombres, les proportions et les harmoniques, le chaos et l'ordre, le mouvement et les forces, l'énergie et la matière, l'espace et le temps, la gravité et le rayonnement et, à leur suite, la Vie et la Pensée et la totalité de ce qui peut être perçu ou conçu des domaines de la Matière, du Vivant ou de l'Esprit..

Toutes les composantes de l'Univers - ou du moins leur « possibilité » - sont déjà là, dans la représentation mentale qui se forme dans notre psyché.

Mais ce qui sera également démontré, c'est que cette « représentation » recèle et dévoile à qui veut prendre la peine de l'explorer, l'ensemble des Lois, principes et relations qui régissent les composantes matérielles, vivantes et psychiques qui constituent les différentes strates de notre univers commun et qu'on dénomme réalités.

Ces lois et principes, qui s'édifient parfois en théories « scientifiques », aujourd'hui disparates, découlent toutes de la « structure » de la représentation primitive du Tout.

Celle-ci est la matrice des matrices de tous les savoirs possibles, la source de tous les principes et de toutes les hypothèses que l'entendement humain peut appréhender, énoncer, comprendre et démontrer.

Elle est le seul lieu où ces théories - encore imparfaites et diverses - peuvent trouver leur unité et leur vérité. Elle est la structure arborescente de la connaissance et, pour l'exprimer de manière métaphorique, le seul et vrai « Arbre de la Connaissance ».

INTRODUCTION

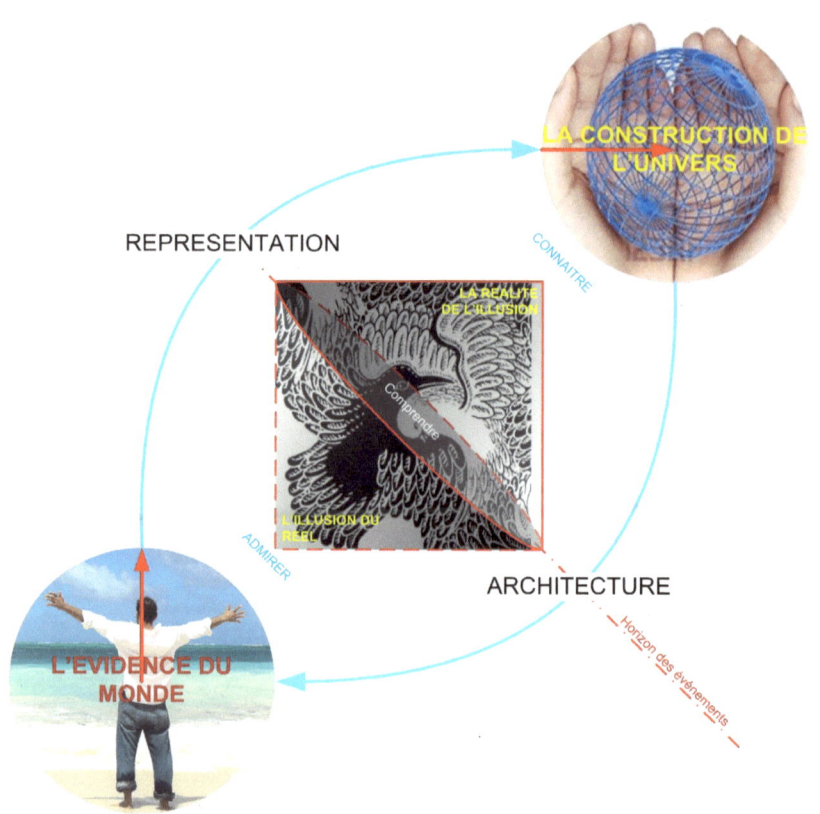

LA CONSTRUCTION DE L'UNIVERS

REPRESENTATION

CONNAITRE

LA RÉALITÉ DE L'ILLUSION

Comprendre

L'ILLUSION DU RÉEL

ADMIRER

ARCHITECTURE

Horizon des événements

L'EVIDENCE DU MONDE

Tout devrait être aussi simple que possible, mais pas plus...
(Everything should be made as simple as possible but not simpler...)

Albert Einstein

Ultime et artificielle confrontation entre idéalisme et réalisme, la controverse de Copenhague qui opposa les pères de la physique atomique et quantique a trouvé son épilogue, en forme de réconciliation, avec la récente détection effective du *boson scalaire massif*, dernier élément de la matière, dont l'existence fut stipulée par Peter Higgs il y a 50 ans.

Une fois encore, l'expérimentation a « certifié » le résultat que la construction mentale de l'Univers portait déjà en elle : « la matière est une image dans notre esprit – l'esprit est donc antérieur à la matière. » (Erwin Schrödinger, *Physique quantique et représentation de l'Univers*).

S'ouvre désormais une nouvelle ère de la Connaissance, on pourrait presque dire « post-scientifique ». Cette représentation mentale structurée, au sens du « système du monde » de Galilée, Newton, Laplace ou Duhem, qu'on est donc légitime à dénommer *modèle*, peut dès lors être la source *unique, complète et certaine* de la connaissance.

Libéré du carcan de la causalité, ce modèle comporte, sur un mode latent, toutes les composantes (aussi *im-perceptibles* soient-elles) de l'Univers, ses dimensions et ses forces, ainsi que l'architecture de ses Lois.

Il dévoile la totalité des possibles ainsi que la matrice fractale, non seulement des états et événements déjà manifestés, mais aussi du futur : il est une « mine à ciel ouvert » des découvertes à venir.

C'est cette véritable révolution de notre manière d'explorer et de comprendre l'Univers et notre monde qui en dérive qui, entre autres transformations majeures du « phénomène humain, ouvre - bien au-delà de la perspective historique et de la *crise* qui obscurcit son horizon immédiat - l'espace nouveau de l'« économie de l'intelligence ».

Mais il reste un dernier détail à régler – ou plutôt un préliminaire.

Malgré les avancées des neuro-sciences, des sciences cognitives, de la cybernétique et des technologies de l'information et même des différentes disciplines traitant de la psyché (et sans doute en raison du cloisonnement de toutes ces disciplines), rien n'a été dit du processus de formation de cette représentation du « modèle » mental de l'Univers.

Et c'est justement cette dernière conquête expérimentale, cette découverte du néant, qui marquant le point d'aboutissement de la science remet en lumière l'inspiration qu'il existe une théorie unifiée de l'Univers, que celle-ci est simple et que la question à son origine est : « *comment je vois le monde ?* »

La raison scientifique en échec

En privilégiant la distinction comme premier mouvement et la mesure comme raison unique, la quête du savoir devenue la « science » s'est imposée à elle-même de diviser indéfiniment le Tout à la recherche illusoire d'une unité à laquelle elle tourne le dos.

Elle s'est ainsi condamnée à redécouper indéfiniment le parcours de la flèche, condamnée, donc, à ne jamais pouvoir déterminer à la fois sa position et sa vitesse, sans pour autant ignorer qu'elle atteindra sa cible.

Elle a elle-même défini des champs d'étude distincts, regroupant pour chaque discipline, des dimensions et des forces spécifiques, mais bordés de néants qu'elle ne parvient pas à enjamber pour en réunir les parcelles.

Chaque discipline est, dès lors, comme un dieu du Panthéon, Poséidon ou Neptune pour les océans, Mars ou Vulcain pour le feu, trop jaloux de ses attributs pour coopérer à une édification unifiée du monde.

En distinguant chaque partie du monde d'un vide innommé, en expulsant le spectateur de l'Univers qui pourtant le contient et en plaçant l'observation comme le primat absolu, la science s'impose d'en intégrer définitivement les dimensions illusoires que sont le temps et la gravité et, corollairement, l'entropie et l'énergie.

Dès lors, malgré l'exploit technologique sans cesse renouvelé pour mettre en œuvre des moyens d'observation plus performants, le processus scientifique n'est qu'une suite itérative d'aperceptions du monde expérimentée en laboratoire.

Bien incapable de rendre compte de la fonction qui préside à cette suite fractale, perdue dans la complexité malgré les artifices probabilistes et statistiques dont elle use pour justifier le décalage entre ses mesures et les états successifs du monde, la science ne parvient pas à nous fournir une représentation homogène apte à établir un *modèle unifié de l'Univers*.

Les limites de la représentation réaliste

Héritière de l'empirisme et attachée à la certification de ses hypothèses par l'expérience comme une huître à son rocher, la science moderne colle à ce qu'elle dénomme la réalité dans le temps même où elle l'ébranle.

Dès l'observation initiatrice du questionnement scientifique, la *réalité* du phénomène objet est établie comme l'étalon auquel toutes les étapes du raisonnement et, ultimement, la loi scientifique doivent être comparées.

Même si la constante évolution du monde manifesté, corollaire du temps et de la gravité, rend impossible la répétition naturelle à l'identique des phénomènes, elle n'en tente pas moins, au travers de l'expérimentation, de les reproduire.

Ainsi, le monde lui renvoie continuellement ses erreurs et, pour en tenir compte, elle répète inlassablement jusqu'à la moindre des incertitudes le même processus.

Etablie sur ces bases illusoires, la loi n'isole que les éléments communs à la génération de tous ces phénomènes, excluant d'office - les considérant même comme des artefacts statistiques - les occurrences aux dimensions exceptionnelles. Là où l'exception devrait rationnellement infirmer la règle, on déclare pompeusement qu'elle la confirme

En faisant de l'observation non seulement son primat mais aussi sa primauté et de la confrontation avec la réalité incertaine du monde la condition de son raisonnement, la raison scientifique échoue à rendre compte de manière « réaliste », par les lois ainsi établies, de l'ensemble des possibilités.

Ayant toujours un temps de retard sur le monde, elle ne peut qu'en donner une « idée », mais, en aucune manière, elle ne le restitue. Elle n'aboutira donc jamais à une représentation structurée cohérente pouvant supporter *un système du monde*.

L'incompatibilité des modèles

Il ne faut pas s'étonner qu'avec de tels préalables la science se retrouve face à un « mur quantique » au-delà duquel la mesure n'est plus que le reflet de la seule certitude de la présence de l'observateur. Que ce quanta soit d'espace ou de temps, les théories restent restreintes et les modèles, pour atteindre une impossible perfection, tendent à une complexité croissante et paralysante.

Ecartelée entre devoir distinguer unité première ou dernière, l'onde ou la particule, la vitesse ou la position, la raison scientifique se retrouve constamment à devoir construire ses modèles à partir de deux principes incompatibles.

Le premier d'entre eux privilégiant, dans une vision dérivée du monde, la vitesse sur la position, permet, dans un halo d'incertitude, d'établir tous les *événements* possibles du monde (au-delà même des limites de l'observation). Mais, en contrepartie, ne parvient pas à discriminer une possibilité d'une autre.

Le second, a contrario, livre une vision complète de toutes les possibilités manifestées (les *états)*, ainsi que de chacun des mouvements de l'une à l'autre. Mais s'il détermine bien l'ensemble de ce qui est observable, il ne permet ni d'en dépasser les limites ni d'en découvrir l'universalité.

Quelle que soit l'ampleur des moyens mis en œuvre pour repousser les limites de l'observation du monde, la science se retrouve coincée entre un modèle universel mais incompétent à déterminer quoi que ce soit et un modèle déterministe mais incompétent à rendre compte de l'Univers.

Feignant d'ignorer que distinguer le monde de l'Univers suppose le néant et que l'observation suppose l'observateur, la raison scientifique se retrouve bien incapable de rendre compte de l'unité principielle. Aussi révolutionnaires ou séduisants qu'ils puissent êtres, elle ne pourra donner naissance qu'à *des modèles incomplets.*

Le nouveau paradigme

L'incapacité de la science à unifier l'Univers et sa dérivée manifestée, le monde, appelle à redéfinir les sources de leur connaissance, à énoncer un nouveau paradigme.

Le préalable, ne remettant pas en cause le primat de l'observation, établit que l'observateur constitue avec le monde auquel il est présent la partie observable de l'Univers, que le néant en est la partie non observable et que l'une et l'autre sont nécessaires pour qu'il existe.

Ce néant, qui selon la raison scientifique rend invérifiable une partie de ses théories, devient, dès lors, l'ensemble des possibilités qui n'ont pas encore été manifestées et des alternatives aux possibilités déjà manifestées usant, dans une combinaison différente des mêmes éléments.

Le nouveau paradigme doit donc tenir compte du fait que notre monde observable n'est pas l'ordre distingué du désordre, ni quelque chose issu du néant, mais un parmi les ordres et un monde parmi les possibles, nés de la même origine universelle.

Le modèle unifié établi sur ces bases sera le reflet de l'ensemble des éléments réduits à leur plus simple existence, donc à leur plus grande adaptabilité, structurés en une forme qui rende compte de l'ensemble des possibilités, observables et non observables.

D'un tel modèle se distingueront toujours les possibilités observées au sein du monde mais également celles impossibles à observer. Soit parce qu'elles appartiennent à l'inobservable, soit qu'elles font partie de ce qui n'a pas été observé mais dont nous sommes pourtant conscients qu'il était nécessaire qu'elles se manifestent pour que tel événement soit observable.

Il rendra compte à la fois de toutes les vitesses et de toutes les positions de tous les chemins de la flèche entre l'arc et la cible. Il sera *parfait*.

1. L'evidence du Monde

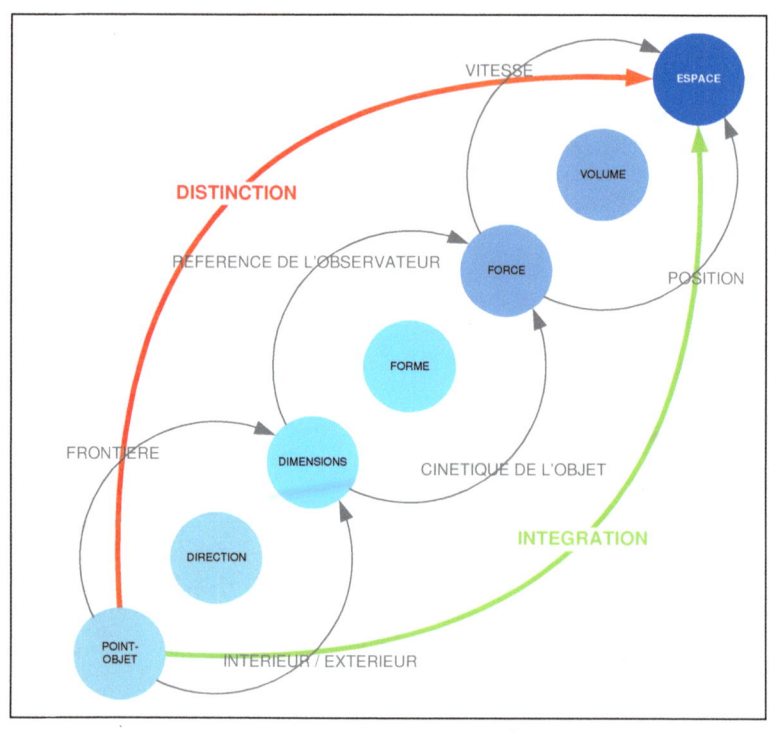

Le « monde » nous est évident, mais il serait téméraire de vouloir dire ce qu'il est sans avoir, au préalable, défini les conditions de son évidence, ce que nous entendons faire ici.

Tout au plus peut-on dire ce qu'on en sait.

Le monde est constitué de l'ensemble des objets manifestés qui nous sont perceptibles directement. Ce qui suppose que ces objets se distinguent les uns des autres comme du monde. Le monde est l'espace primaire où se manifestent les objets. Il est le Tout manifestable.

Notre premier objectif est, comme il est d'usage pour la peinture ou la sculpture, d'identifier le *support* commun duquel se distinguent aussi bien le monde que tout astre, molécule ou atome ou tout ensemble connu de nous, ainsi que tout ce qu'ils contiennent.

Cet espace est également commun à la manifestation et à la représentation de ces objets. Il est l'espace de la manifestation universelle.

Ce support sans lequel le monde ne nous serait pas connu est constitué d' « éléments », dénommés ainsi dans une acception analogue à celle qu'utilisent les physiciens pour désigner les particules élémentaires - mais ici sans la contrainte de présupposer l'existence éventuelle d'une particule.

Communs à l'espace de la manifestation et à l'espace de la représentation rien, à ce stade, ne nous garantit que ces éléments sont les mêmes que ceux qui ont présidés à la création du monde.

Ils sont les éléments de notre expérience du monde et non les briques qui le constituent.

Ils composent aussi l'ensemble des modalités par lesquelles le monde nous est perceptible.

Cet espace étant le support commun aux objets et aux individus qui le per-çoivent et le représentent nous pouvons être assurés, toutefois – et c'est dé-

19

jà un résultat considérable – que ces éléments nous permettent de percevoir et de concevoir le monde universellement dans les mêmes termes.

Ils sont donc les éléments de l'espace de la perception universelle.

S'il en était autrement, nous serions en mesure de parler de multi-mondes et chacun saisissant le monde selon des modalités propres, il y aurait autant de mondes connus que d'individus auxquels il se manifesterait.

En somme notre objectif est de mettre en place les bases du *protocole universel d'expérience de ce monde.*

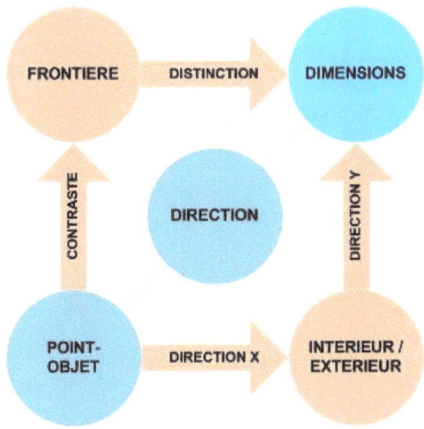

Dimensions et directions

Un objet nous apparaît de manière évidente parce qu'il se distingue d'un support, fût-il invisible. Mais tout ce que l'on peut dire à cet instant de la description de n'importe quel objet c'est qu'il y a quelque chose et un vide. En somme un point sur une page blanche.

Aussi est-il nécessaire d'aller plus loin pour faire l'acquisition d'une image du monde, à moins d'accepter que le monde et tous les objets qu'il peut contenir soient réduits à ce seul point.

C'est dans la recherche d'un moyen universel de rendre compte des caractéristiques remarquables de n'importe quel objet au-delà de ce point que repose notre première « découverte » parmi les éléments du monde : la dimension.

Un objet, à la manière d'un point sur une feuille blanche, est quelque chose parce qu'il contraste avec le rien. Il existe alors une frontière, invisible, fixe et déterminée qui, sans nous avancer à décrire sa forme, constitue dans l'image perçue du monde, une enveloppe séparant, à la manière d'un coloriage, l'objet de son support, les deux ensembles et cette frontière formant le tout.

Cette ligne qui nous est donnée en même temps que l'objet constitue une variable d'état parmi toutes celles qui le caractérisent, elle est la première *dimension*.

Première s'entend non pas dans l'ordre communément admis : longueur, largeur et hauteur ; mais parce que c'est la première à être perçue, d'autant plus que nous ne pouvons pas encore préciser leur nombre et encore moins les dénommer ou les ordonner.

Parcourir cette frontière afin de la décrire et donc établir les premières caractéristiques de l'objet suppose de la subdiviser, à son tour, en une multitude de sections, à proportion des caractéristiques qu'on veut obtenir.

Cela suppose l'existence d'une dimension de référence, unique et invisible, dont le seul objet est de générer les subdivisions de toutes les dimensions qui seraient perçues. Elle est universelle.

A partir de chacun des points ainsi distingués appartenant à cette première dimension d'autres dimensions, dites « secondes » peuvent être décrites. L'enveloppe de l'objet suffisamment couverte par toutes ces dimensions et ainsi refermée ne présente que deux cas de figure.

Soit l'enveloppe d'un objet n'est constituée que de dimensions parfaitement régulières, ce que l'on dénomme communément un patatoïde. Sa description peut se satisfaire de n'importe quelle dimension composant son enveloppe, comme nécessiter la description de l'infinité de dimensions qui la constituent. L'espace nécessaire à la restitution des caractéristiques de cet objet est soit unidimensionnel, soit infiniment multidimensionnel.

Soit son enveloppe comporte, sans nécessairement que se soit la première, au moins une dimension irrégulière, c'est-à-dire comportant un sommet distingué. L'arrête mise en lumière par la découverte de ce sommet, permet alors de regrouper les dimensions suivant de quel côté de cette arrête, elle-même une dimension, elles se trouvent.

L'enveloppe peut dès lors être subdivisée en autant de faces qu'il existe d'ensembles de dimensions définis par les arrêtes présentes à la surface de l'objet. Cette subdivision est totalement indépendante de celle générée par la dimension implicite.

Les arrêtes, caractéristiques de l'enveloppe constituent les dimensions « frontières » définissant l'espace nécessaire pour rendre compte de cet objet, mais de cet objet seulement. Ces dimensions sont *natives*.

Il existe donc au sein de notre expérience du monde des objets qui peuvent êtres décrits à l'aide d'un nombre raisonnable de dimensions, s'entend qui ne soit pas une seule dimension et la dimension implicite ni une infinité dont la dimension implicite.

En stipulant un objet, tel un diamant, dont l'enveloppe n'est constituée que de dimensions irrégulières, on ne peut, au mieux, que limiter à un peu moins de l'infini les dimensions définissant l'espace commun dans lequel il serait possible de décrire tous les objets du monde.

Et à moins d'accepter que l'objet ou le monde ait pour support de leur représentation un espace multidimensionnel, tel celui de Calabi-Yau (comparable à une feuille de papier chiffonnée) ou un espace unidimensionnel, il convient de définir l'espace ayant le nombre le plus restreint possible, mais suffisant, de dimensions requises pour rendre compte de manière universelle de tous les objets.

Pour « raisonner » le monde il convient en premier lieu de découvrir l'articulation qui rend comparables les dimensions « physiques » et natives, qui contrairement à la dimension implicite (dont nous ne pouvons pas encore dire qu'elle est le temps), n'appartiennent qu'aux objets.

Dès lors que l'on considère plusieurs objets ou plusieurs dimensions au sein d'un objet c'est que ces objets ou ces dimensions sont comparables, c'est-à-dire de nature à être comparés et non identiques. Ils appartiennent alors à un même espace au sein duquel on peut les comparer.

Les dimensions d'un objet étant, au moins par leur direction, différentes les unes des autres, cet espace ne peut en aucun cas être unidimensionnel. Il ne peut non plus être infiniment multidimensionnel, sans quoi il deviendrait impossible d'établir des points communs entre les dimensions.

Cet espace commun à la description de tous les objets du monde ne peut raisonnablement compter plus de dimensions que celles représentatives des directions les plus étrangères les unes aux autres. Cela revient à définir l'objet comportant le nombre de faces le plus restreint possible sans que les dimensions secondes qui les définissent soient trop nombreuses ou trop semblables.

L'espace ainsi circonscrit, dont on sait d'ores et déjà qu'il ne peut reposer sur une axiomatique complexe sera, par son économie, en mesure de supporter un système simple et universel apte à rendre compte de tous les objets et du Tout.

Toute évidence porte en elle les instruments de sa description.

1a.1: Un objet se distingue par contraste avec son environnement

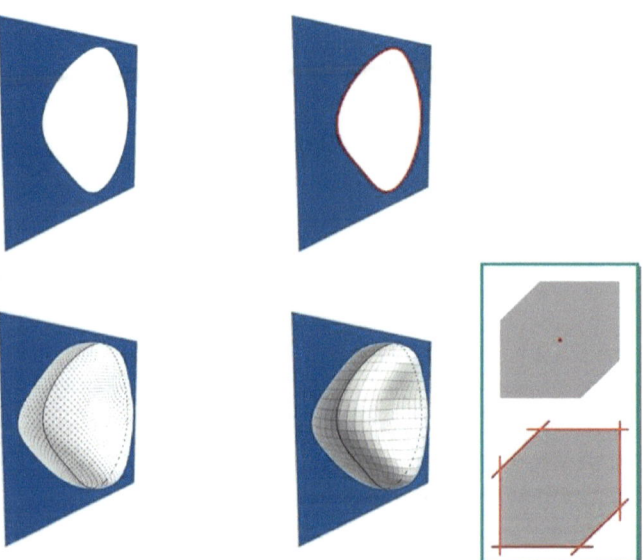

1a.2 : Ses dimensions se découvrent à la suite de la mise en lumière de sa frontière avec le monde

24

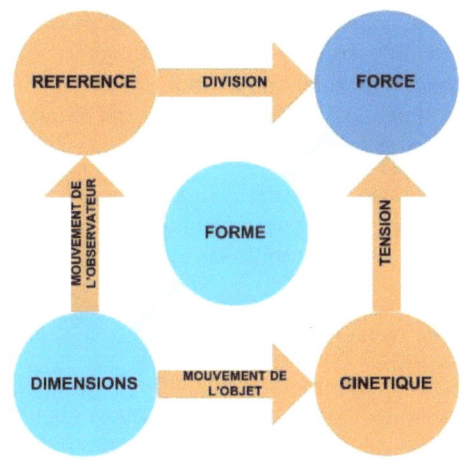

Forces et formes

L'ensemble circonscrit par l'enveloppe d'un objet est composé des mêmes éléments que le vide. Ils ne sont séparés par la dimension première de son évidence. Et cet objet ne se différencie d'un autre, avec le même statut d'évidence, que par la forme différente de cette dimension.

Ce qui nous amène à la découverte d'un nouvel élément du support du monde : les *forces*.

A la différence de l'enveloppe d'un objet, nous ne pouvons distinguer aucune division au sein du vide. Cette absence d'une division de référence permettant de se déplacer sur une dimension ou une division nous laisse supposer que les divisions du vide, en admettant qu'il en existe, ne sont affectées d'aucun mouvement.

Pourtant, en distinguant un objet du vide, les dimensions qui constituent son enveloppe nous laissent supposer qu'elles n'ont pour finalité que de contraindre au seul volume de l'objet les potentiels de mouvements des divisions qui le constituent.

De ce fait, les divisions du vide, non contraintes par une enveloppe, ont la capacité de se mouvoir librement, à l'exception de l'emplacement occupé par le volume de l'objet.

Les dimensions d'un objet ne sont pas constituées d'éléments (de divisions) d'une nature différente de ceux constituant le vide ou le volume qu'elles circonscrivent. Seule leur génération par la dimension implicite les contraint à n'avoir pour seul potentiel de mouvement que la direction de la dimension dont elles sont une division.

A défaut d'un mouvement apparent à la surface d'un objet, il nous faut convenir que toutes les divisions constitutives d'une dimension ou de l'enveloppe d'un objet sont immobiles les unes par rapport aux autres.

Il existe donc une « tension » qui transmet la cinétique d'une division à toutes ses voisines de manière égale dans les deux sens définis par la direction de chaque dimension.

Cette tension s'appliquant universellement à toutes les divisions de toutes les dimensions de tous les objets, elle n'est donc pas contrainte à une seule direction ou un seul sens.

C'est l'objet tout entier qui se meut ou change d'attitude. Et ainsi, considéré comme une division du vide, son potentiel de mouvement n'est contraint que par les autres objets ou par les observateurs présents.

L'absence de référent au sein du vide ne permet pas d'établir si un objet est immobile ou en mouvement. Tout ce que l'on peut dire c'est qu'il a le potentiel d'être dans l'un ou l'autre de ces deux états. Elle ne nous permet pas non plus d'établir, sans ambiguïté, lors de l'étude d'un objet par un observateur, lequel des deux est en mouvement et dans quel sens.

Affectant indistinctement toutes les divisions, même celles du vide, elle précède les objets.

Elle est à l'origine du potentiel de mouvement de ces divisions et maintient, sans autre intervention, la cohésion de toutes les dimensions de tous les objets distingués du monde. Cette force est primordiale et donc unique.

Tout objet, parce qu'il est constitué d'un ensemble contraint de divisions, doit à cette force son évidence et son volume. La combinaison de deux objets ou leur désintégration faisant obligatoirement suite à un événement qu'elle induit, on peut dire que cette force a le potentiel de manifester toute forme.

Chaque objet lors de son mouvement bouscule les divisions du vide autour de lui qui, à leur tour transmettent cette cinétique. Mais parce qu'elles ne sont pas organisées en une dimension, elles la transmettent à toutes leurs voisines de manière égale. C'est le chaos.

Le fait pour cette force de maintenir la cohésion des objets et surtout leur forme propre ne leur permet pas de transgresser les limites imposées à toutes les autres divisions du vide, entre autres l'enveloppe des autres objets.

Cette force unique participe donc à distinguer un objet d'un autre autant qu'elle participe à le distinguer du vide.

L'absence de tout référent précédant les objets - et le vide ne pouvant s'y substituer -, tout élément, objet, dimension ou division peut être supposé immobile tout en possédant le potentiel de changer d'attitude ou de se déplacer dans toutes les directions de manière égale.

La force peut s'appliquer dans les deux sens de toutes les directions possibles. Aussi les caractéristiques propres au mouvement de chaque objet peuvent nous apparaître comme le résultat de forces différentes.

Néanmoins, n'ayant pas d'autre conséquence sur les objets ou les divisions que de les mettre en mouvement - et encore moins celle de rompre la cohésion des dimensions -, cette force n'en est pas une supplémentaire mais une occurrence de la force unique.

Quel que soit le nombre d'occurrences de la force dont les caractéristiques spécifiques nous amènent à croire à plusieurs forces, elles sont unifiées par leur origine commune.

Les deux sens de cette force, celui de notre mouvement qui suit la direction d'une dimension de l'enveloppe de l'objet et celui, opposé, de cette même dimension, sont substitués, comme Newton l'a découvert avec sa pomme, par une cinétique et un potentiel, une action et une réaction.

Le premier qui prend l'apparence d'une dimension supplémentaire similaire à la dimension générant les divisions de l'enveloppe de l'objet et que l'on nomme le *temps*,

Et le second, diamétralement opposé qui, sans qu'on puisse encore le dénommer *gravité*, maintient la cohésion du système-monde comme du système-objet et par conséquent du système de leur représentation commune.

Toute forme manifeste l'existence de la force unique.

1b.1 : L'accumulation des dimensions de l'objet lui restitue sa forme

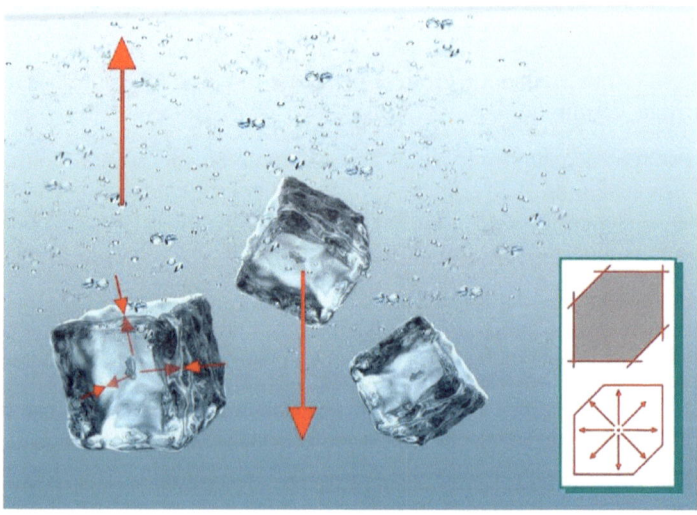

1b.2 : La force unique nécessaire à la découverte de l'objet est appliquée à tous les objets.

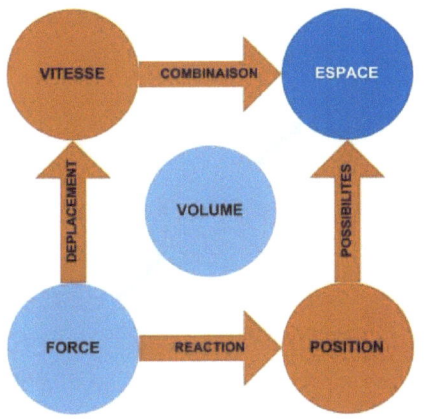

L'espace

L'ajout des forces à l'ensemble des dimensions ne suffit pas encore à constituer un support permettant au monde de se déployer et à nous de disposer d'une instance conceptuelle de ce dernier.

Il est nécessaire que les unes et les autres s'organisent en une construction qui rende universel l'espace donné au monde pour se manifester.

On y distingue les dimensions « physiques » ou natives d'un objet comme étant toutes celles constituant l'ensemble de l'enveloppe de cet objet. Sitôt acquise son évidence elles nous sont potentiellement perceptibles (l'évidence de l'objet s'accompagne d'ailleurs de la perception d'une première dimension physique : sans elle l'objet n'existe pas).

Elles sont le support de la *mesure* de l'objet.

A l'inverse, une force ne nous est pas directement perceptible. En mettant en mouvement les dimensions physiques d'un objet elle se transmute et ainsi se conforme aux contraintes de notre perception immédiate. Elle devient mesurable. C'est le cas par exemple de la lumière qui de l'imperceptible vent solaire devient aurore polaire.

L'espace qui permet au monde de se déployer comporte, en plus des dimensions nécessaires à la description des caractères physiques des objets, deux dimensions se substituant aux deux sens opposés de la force unique évoquée plus haut, ce que l'on identifie communément par le couple action-réaction.

La description et la représentation du monde ne pouvant comporter autant de dimensions que lui, seul un certain nombre de dimensions peut être utilisé pour définir l'espace de cette représentation.

Si les dimensions « physiques » ou natives qui nous sont directement perceptibles ne peuvent, par là-même, être toutes absentes de cet espace, la nécessité d'avoir à leur substituer une dimension « transmutée » pour décrire et représenter les occurrences de la force unique, nous indique le nombre de dimensions que cet espace comporte.

L'absence de toute dimension physique native au sein de l'espace de la représentation rendrait l'objet indescriptible et donc impossible à représenter. Leur absence au sein de l'espace de déploiement aurait pour corollaire l'absence de l'objet ou tout au moins l'impossibilité pour lui d'être perceptible.

A l'opposé, si l'espace de la représentation comportait le même nombre de dimensions que l'espace nécessaire au déploiement de l'objet, celui-ci serait immédiatement et totalement accessible à toute conscience sans qu'il soit besoin de le décrire. C'est le cas de ce qu'on appelle une primitive géométrique, le cube par exemple. Il n'aurait pas, en conséquence, nécessité à se déployer. Les deux espaces seraient confondus.

Le monde ne nous impose que son évidence mais pas son unité. De cette évidence nous tirons les instruments qui constituent l'espace de déploiement du monde.

Mais sans un espace de représentation, aucune conscience ne pourrait le percevoir et encore moins y distinguer un objet ou, à partir de lui, concevoir l'Univers.

Pourtant, sitôt que plusieurs consciences perçoivent le monde de la même manière, l'espace de son déploiement et l'espace de sa représentation, distincts l'un de l'autre, sont universels.

L'espace de la représentation n'a besoin que d'une seule dimension pour décrire la présence d'un objet : c'est le point sur la ligne. Pour décrire une force il doit comporter en plus une seconde dimension, « transmutée » décrivant le mouvement imposé par la force à l'objet : la ligne sur le plan.

Ces effets peuvent trouver une manifestation prenant l'aspect d'une dimension physique de l'objet à l'exemple de la section d'un arbre qui révèle, en seulement deux dimensions, à la fois son diamètre physique et les effets des saisons, manifestant la mesure du temps.

La description d'un objet pouvant se satisfaire de la seule dimension nécessaire à la représentation de son évidence - et cette dernière comportant, comme toute direction, deux sens - on peut établir le nombre de dimensions de l'espace nécessaire et suffisant à sa représentation et conséquemment le nombre, lui aussi nécessaire et suffisant de dimensions de l'espace permettant à tous les objets du monde de se déployer de manière universelle.

L'action de la force unique sur un objet et la réaction de ce dernier nécessitent chacune une dimension transmutée pour être décrites.

A ces deux s'ajoute la dimension, obligatoirement physique, décrivant la présence de l'objet. L'espace de la représentation universelle de n'importe quel objet du monde comporte donc trois dimensions.

La force étant unique, aucune autre dimension transmutée n'existe. Il suffit de restituer à l'objet les deux dimensions physiques nécessaires à sa manifestation pour obtenir l'espace de déploiement universel.

Celui-ci comporte donc cinq dimensions, trois physiques et natives (longueur, largeur, hauteur) et deux transmutées que l'on peut désormais désigner : le temps qui manifeste et décrit l'âge de chaque position de l'objet et la gravité qui manifeste et décrit sa masse.

La représentation devant au même titre que n'importe quel objet se manifester, ces deux espaces ont en commun un même système d'organisation, une même mécanique des dimensions physiques, seules présentes au sein de la représentation, un même « gnomon ».

Cette forme universelle de définition représentative des espaces comporte les trois directions des trois dimensions physiques universelles permettant de comparer tous les objets du monde et, au sein de chaque direction, les deux sens opposés dans lesquels la force unique peut s'appliquer.

Ainsi réunis sous l'égide d'une mécanique universelle, il nous est possible d'établir que l'espace de la représentation comporte trois dimensions et l'espace de déploiement nécessaire à notre perception, cinq.

L'espace à cinq dimensions suffit à contenir tout objet et sa représentation.

1c.1 : L'objet, quelle que soit sa forme, est inclus dans un espace défini par un nombre limité de dimensions.

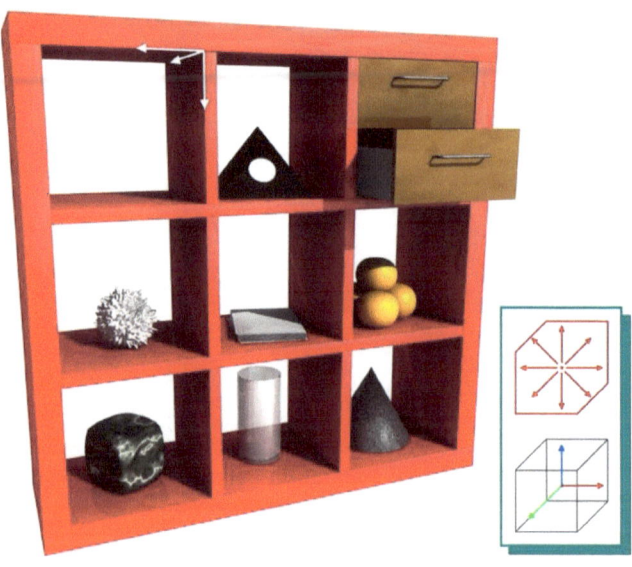

1c.2 : L'espace à 3 dimensions est le seul qui peut accueillir la représentation de tous les volumes de tous les objets possibles.

L'Uni-vers

Nous percevons le monde comme une suite d'images en volume alignées le long de la direction de notre exploration.

Chacune d'elle est un instantané qui ne peut révéler que les trois dimensions natives et la mécanique qui les organise. L'espace ainsi défini est commun à tous les objets perceptibles et représentables. Il n'y a pas d'autre espace.

Quels que soient leurs points de vue, tous les observateurs perçoivent donc la même évidence. L'espace de la représentation est universel.

La représentation de cette évidence est un objet elle aussi et, comme tous les objets du monde, elle trouve en lui l'espace nécessaire à son déploiement.

Le développement, le long de la direction de notre exploration, de ces instantanés conscients qu'on nomme aperceptions suppose que l'espace de la représentation et l'espace de déploiement du monde soient concentriques.

C'est l'animation consécutive au passage d'une aperception à la suivante qui nous dévoile les deux dimensions qui distinguent un espace de l'autre.

Sans l'espace de déploiement il n'y aurait pas d'espace de représentation et inversement. L'espace de la représentation est contenu dans l'espace de déploiement.

Développant le premier pour le doter de deux dimensions supplémentaires, la force le constitue – parce qu'elle est unique – en espace également universel.

Cet espace, portant donc le monde et sa représentation, est ce que l'on nomme l'*Univers*.

Dans un sens, la force dérive le monde de l'Univers et, dans l'autre, elle l'y réintègre.

Le déploiement des objets et la perception de leur évidence constituent ainsi un cycle sans cause, mais inducteur de tous les possibles, un « moteur immobile » ainsi que défini par Aristote.

Héritant de lui-même et tirant son énergie de la force unique, il permet tous les déplacements, toutes les translations et toutes les rotations des moindres morceaux de l'Univers.

Combiné à lui-même il est à l'origine, comme le Big Bang, du mouvement centrifuge de l'espace ; mais également du mouvement centripète du même espace. Il est l'unique constituant du cycle de l'action et de la réaction. Il est omnipotent et universel.

Ce « moteur du déploiement » ne peut imposer à l'observateur d'explorer la suite d'instantanés du monde dans un sens plutôt qu'un autre.

Il garantit, toutefois, par sa situation au croisement de l'objet et de l'observateur, que le sens de défilement des aperceptions est toujours opposé à celui de leur exploration. A défaut, l'observateur verrait toujours le même instantané.

Le potentiel de n'importe qu'elle image d'être le point de départ de l'exploration de l'Univers est le corollaire de leur universelle évidence.

En conséquence l'observateur ne peut être certain à chaque nouvelle aperception d'être devant l'évidence d'un même objet.

Les contraintes liées à son déploiement et à sa perception supposent alors que l'on fasse le sacrifice de *la certitude immédiate de son existence*.

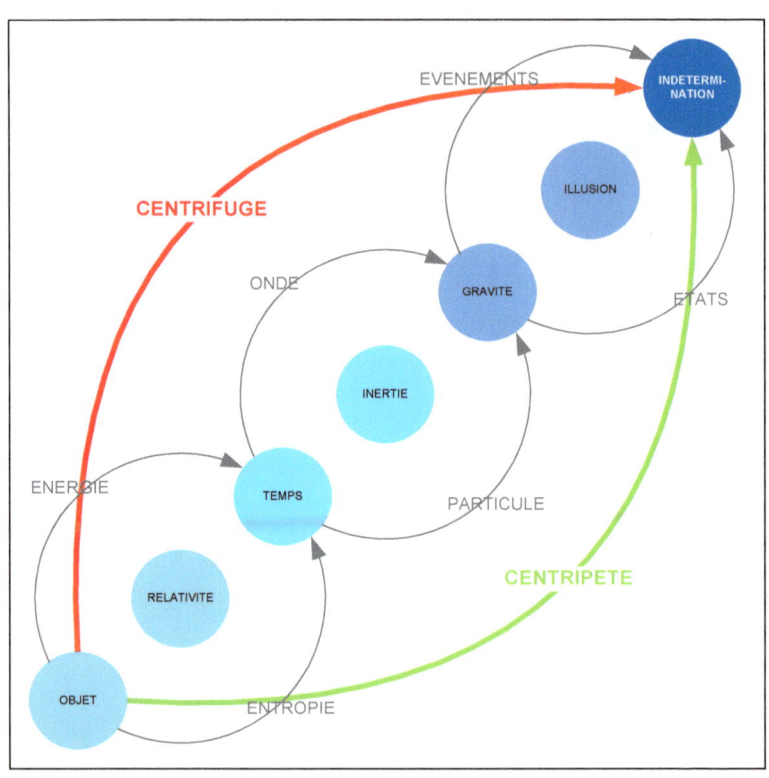

Rien ne nous est accessible en dehors du monde.

Et nous ne pouvons rien percevoir, ni même concevoir hors des limites de l'Univers premier et unique dont il est dérivé, sans que ce quelque chose n'y soit – dès cet instant – réintégré.

Rien, au-delà de lui, n'existe ou ne peut nous atteindre.

Aussi, les instruments avec lesquels nous entendons décrire le monde ne peuvent nous être livrés qu'en lui.

Du fait de cette dépendance absolue, sa description est donc, si nous n'y prenons pas garde, sujette à une illusion fondamentale et indécelable. Comment, dès lors, pouvons-nous prétendre à la certitude du monde et à sa réalité ?

Au cours de notre progression vers l'horizon, les instruments de la description du monde se révèlent peu à peu.

A l'image d'un mirage dans le désert, ils ne se présentent et ne sont utiles qu'au lieu de leur révélation. Les employer pour comprendre et décrire le chemin parcouru est éclairant.

Mais, aussi grande soit la tentation, tenter d'en user pour extrapoler le chemin à parcourir - ou le monde - est aller au-delà de ce qu'ils peuvent accomplir.

Il nous faut à chaque étape accepter de refondre notre vision du monde.

Faute de pouvoir s'affranchir de cette incertitude première ou la contourner pour tenter inlassablement de découvrir, par-delà l'horizon, une réalité d'ordre supérieur qui ne serait, à son tour qu'illusoire elle-aussi, mieux vaut porter ailleurs notre effort.

C'est pourquoi nous nous proposons d'analyser le processus même à l'origine de cette relativité ou indétermination première qui, lui au moins est, si ce n'est complet, du moins permanent, certain et universel.

Armés du principe que toute réduction d'un ensemble à l'unité nous rapproche de la structure la plus efficace, commençons par revisiter notre monde à la recherche de sa forme.

Ainsi c'est en donnant au système solaire sa mécanique la plus cohérente et la plus simple que les astronomes ont découvert les premières lois de l'Univers et leur corollaire : que les planètes sont rondes. Et non en faisant le tour de la terre.

Une conception universelle, même non « démontrée » par l'expérience ou révélée par l'observation, n'en reste pas moins une réalité, fût-elle qualifiée initialement d'erreur par la certitude scientifique.

A leur image, c'est en remettant en cause notre propre position de créateur, de référentiel, que nos instruments, identiques à ceux de notre antipode, nous permettrons, enfin, de franchir les limites que nous impose le voile de l'illusion pour découvrir la juste description générale du monde.

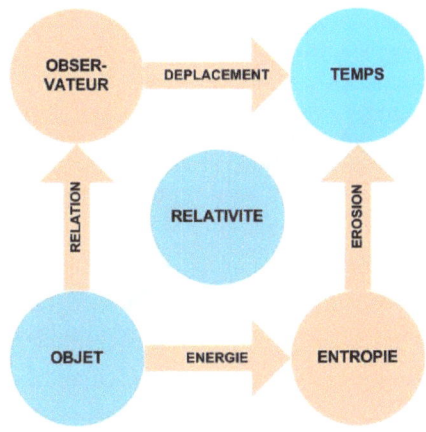

La relativité du temps : l'horizon des événements

Le temps n'est pas un composant de la structure fondamentale de l'Univers. Il n'est pas sa 4ème dimension.

Il est la forme transmutée d'une dimension de celui-ci, dont la substitution est nécessaire à la perception et à la *représentation consciente* du monde.

Dépourvue de toute référence absolue, cette « dimension substituée » ne peut s'assimiler aux dimensions universelles. Le temps ainsi donné au monde est irrémédiablement « relatif ».

La manifestation la plus courante du déroulement du temps est la dégradation de la matière organique et l'érosion de la matière minérale, ce que l'on appelle l'entropie. L'observation de cette entropie nous fournit la référence du temps qui passe.

C'est ainsi qu'on perçoit l'écoulement des grains de sable, mouvement consécutif à la perte de structure d'un objet référentiel (l'ampoule supérieure du sablier), au profit de celle d'un autre objet, devenant le nouveau référent (ici l'ampoule inférieure du même sablier) ou du milieu ambiant.

La définition de l'étalon de temps s'effectue donc d'après l'observation du mouvement d'une unité de matière et d'énergie. Soit supposons-le – sans pour autant nous prononcer encore sur sa réalité ou sa dénomination – d'après le mouvement d'une *particule* première et indivisible, tel le grain de sable.

Reconnaissons que, si nous sommes en mesure de percevoir cette particule, c'est que nous la « rencontrons » ou tout du moins que nous percevons l'énergie qu'elle émet. Dès cet instant – celui de l'observation –, la particule comme nous-mêmes sommes modifiés par cette rencontre.

Elle n'est donc pas, elle non plus, insensible à l'entropie ni dotée d'un mouvement dont la vitesse soit aussi régulière que son unité ne nous le laisse croire. En contrepartie les événements lui sont certains.

L'orbite régulière des astres est un autre référentiel de temps d'usage commun. Pourtant ils sont eux-aussi soumis à l'entropie, sans quoi ils seraient invisibles et donc ne pourraient pas êtres utilisés comme référents.

Certes leur structure imposante les rend insensibles à toute rencontre et nous assure, en apparence, de la régularité de leur mouvement. Mais le fait qu'ils émettent régulièrement des photons, jusqu'à leur réduction à l'unité première, anéantit ces a priori favorables.

En contrepartie, ces caractéristiques leur rendent certain et régulier l'écoulement du temps et à l'opposé incertains les événements.

Aussi fin ou aussi imposants soient-ils, ces étalons imparfaits nous placent face au « paradoxe du temps ».

Celui que Jules Verne illustre dans son roman : son héros, partant vers le levant, boucle son tour du Monde persuadé d'être en retard d'un jour sur son pari. Les juges restés à Londres sont, eux, certains de sa réussite. S'il était parti vers le couchant il aurait été persuadé d'avoir un jour d'avance et les juges certains de son échec.

Prenant, les uns et les autres, pour références, à leurs yeux absolues, le cycle du soleil et le tintement des cloches de Big Ben, ils aboutissent à deux vérités contradictoires.

Et il en aurait été de même s'ils s'étaient référés à la « parfaite » régularité de l'Horloge atomique de Greenwich ou à un autre objet dont la position est en apparence fixe, car relativement à quelque chose (ici la Terre tournant autour du Soleil), cet objet est, lui-aussi, en mouvement.

Cette fiction annonce de manière prémonitoire la théorie d'Einstein qui nous démontrera à peine 40 ans plus tard que la vitesse de déplacement ainsi que l'altitude modifient l'écoulement du temps et, par conséquent, notre perception de ce dernier.

Un être complexe, d'autant plus s'il est doué de conscience, disons l'homme, est lui-aussi soumis à une entropie régulière. Et bien que libre de ses mouvements, il reste sensible aux influences issues des unités et des ensembles qui le composent ou l'entourent.

Ainsi même si l'écoulement du temps et les événements lui sont connus et apparemment certains, il ne saurait s'affranchir de sa présence au monde et des référents qu'il y trouve pour obtenir une mesure du temps. Il ne peut donc le percevoir autrement que relatif.

Finalement, il nous faut raisonnablement admettre que si l'ont veut stipuler un référentiel absolu du temps celui-ci doit être aussi insensible aux effets d'une force quelconque qu'à toute entropie.

L'abîme galactique pourrait être le bon candidat : omniprésent et contrastant avec les étoiles dont il constitue la toile de fond, il n'est affecté d'aucun mouvement ni d'aucune entropie. Mais de ce fait, il nous demeure proprement imperceptible : s'il nous rend certaine l'origine du temps, il s'avère inapte à nous en fournir la mesure.

Il n'est, au mieux, qu'un référent incomplet.

Le monde ne nous offre aucune autre alternative. La définition d'un étalon du temps ne pouvant s'affranchir de sa nécessaire perceptibilité il héritera de ce monde, sans pouvoir s'y soustraire, la même sensibilité aux collisions et à l'entropie issue des phénomènes extérieurs. Le temps auquel le monde est présent ne remplit aucune des conditions nécessaires pour accéder au statut de dimension de l'Univers.

On ne peut, concernant cette dimension, que se contenter d'une vague origine et des mesures imprécises fournies par les substituts naturels et les ersatz synthétiques, irrémédiablement relatifs.

Ce temps « imparfait » nous assure néanmoins, de l'ordre des événements et du sens unique de leur déroulement. Il permet de les distinguer les uns des autres.

Et bien qu'il ne puisse être une dimension de la structure fondamentale de l'Univers, il est une dimension - aussi essentielle que les dimensions d'espace - à la manifestation et à la perception du monde.

Sans lui rien ne peut être perçu, tout s'évanouit.

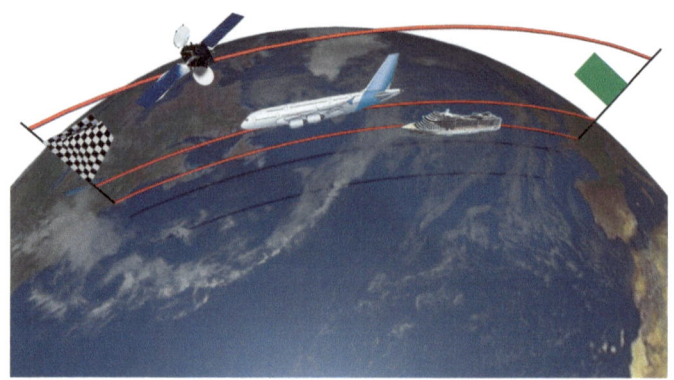

*2a.1 : Du fait de la courbure de la terre, le parcours entre deux points est plus impor-
tant pour l'avion ou le satellite que pour le navire. De ce fait, à vitesse identique,
leurs temps de parcours seront différents.*

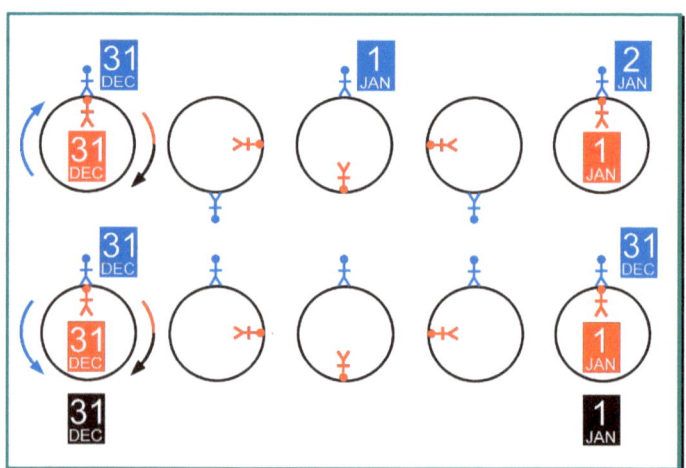

*2a.2 : En partant vers l'est le voyageur (bleu) fait un tour de plus que le référent (rouge)
dans le temps qu'aura mise la terre (noir) pour tourner sur elle-même : il arrive donc en
croyant être à J+2. En partant vers l'ouest le même voyageur aura fait un tour en sens
inverse de la terre et croira être arrivé à la même date que son départ.*

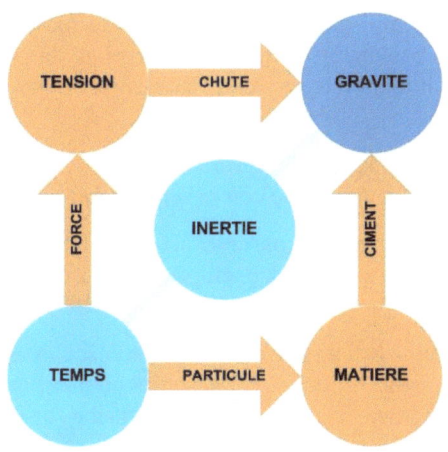

L'hypothèse de la gravité : l'objet

Nous désignons du nom de gravité la force qui maintient la structure et la cohésion quantique des corps et qui nous permet, depuis Newton, Lagrange et Kepler, d'expliquer l'orbite des planètes et des astres. Inversement, c'est cette même force qui brise ces structures en provoquant leur chute ou leur impact. Ses effets sont omniprésents.

Pourtant elle continue d'être le mur infranchissable de la physique moderne. Et si, à en croire les physiciens, elle est le ciment invisible et nécessaire à toutes leurs hypothèses sur la matière, elle est à ce point insaisissable qu'on hésite à la considérer comme une dimension native de l'Univers.

A la différence du temps et de l'entropie, l'attraction d'un objet vers un astre, principal effet de la gravité, n'a pas d'autre support physique que ces deux objets : elle est, par sa nature même, relative.

Et s'il on peut dire que les deux objets sont attirés l'un vers l'autre, la gravité nous fait toujours percevoir – très paradoxalement - le plus léger « tomber » vers le plus lourd.

Mais comme l'a illustré l'exploration lunaire, en lâchant d'une même hauteur une plume d'aigle et un marteau, les astronautes les ont vu atteindre le sol au même instant, démontrant l'absence de relation directe et égale entre la masse d'un objet qui tombe et son poids.

En conséquence, en utilisant le même appareil la mesure de notre masse sur la Lune est six fois moindre que sur la Terre, et au point de Lagrange, où s'équilibrent l'attraction terrestre et l'attraction lunaire, elle serait absolument nulle.

Cet équilibre permet à la fois à la Terre de conserver son satellite et aux objets, en fonction de leur état, de conserver leur forme et leur volume.

Ainsi un gaz non contenu, ne conserve ni son volume ni une quelconque forme. Les molécules - d'eau par exemple - qui le composent ne forment aucune structure.

A l'inverse, un liquide - composé des mêmes molécules - conserve son volume qu'il soit contenu ou déborde de son contenant, mais n'a de forme que celle de ce contenant. En dehors c'est une tâche sur un support.

En condition d'apesanteur ce même liquide constitue une bulle sphérique, illustrant l'attraction réciproque et égale qui maintient la position relative des molécules au sein de sa structure.

Le morceau de glace issu de la solidification de ce liquide possède une structure où cet équilibre est encore renforcé. Héritant du liquide la capacité de conserver son volume, il est, de plus capable, de conserver sa forme. Ainsi deux cubes de glace de nature différente ne se mélangent pas.

Une fois fusionné et décanté, dans un verre, le liquide le plus « léger » semble flotter sur le liquide le plus « lourd », l'huile sur l'eau par exemple.

Ces deux volumes sont distingués l'un de l'autre par la différence du rapport entre leur masse et leur volume, ce que l'on nomme communément leur densité et, plus justement, masse volumique.

Ce même phénomène explique la différence d'attraction entre la Terre et la Lune et, parce qu'il est de valeur infinie, permet aux trous noirs d'attirer toute forme de structure et d'énergie, y compris la lumière.

La gravité, n'existant que sous la forme de l'attraction de deux objets, infiniment petits ou infiniment grands, entre eux, affecte et a pour origine tous les objets du monde et a autant d'unités de mesure.

Si l'abîme galactique est l'origine du temps, l'ensemble des objets célestes constitue, par contraste, l'origine, elle aussi diffuse, de la gravité globale du monde.

Pourtant, si nous admettons à la suite d'Einstein que le photon, corpuscule de la lumière (selon la représentation physique classique) a une vitesse constante bien que le temps soit relatif, il nous faut admettre avec la même cohérence d'esprit que la gravité doit avoir pour corollaire l'existence d'un véhicule dont la vitesse reste, elle aussi, constante mais dont la direction est toujours diamétralement opposée celle du photon.

Ainsi stipulé, il nous serait définitivement et paradoxalement imperceptible.

On peut en déduire qu'à l'horizon des événements d'un trou noir, dans un équilibre semblable à celui rencontré aux points de Lagrange entre l'attraction de deux corps célestes ou celui rencontré au bord du verre entre la tension de surface du liquide et la gravité, l'énergie développée par l'attraction du trou noir et celle développée par la lumière pour s'en libérer s'annulent.

Les deux corpuscules se rencontrent et se confondent, le temps étant alors égal à la gravité.

Incapables de concevoir une mesure de la gravité sans percevoir ses effets, nous sommes devant la même impossibilité à établir un étalon que nous l'étions pour le temps.

La gravité, aussi relative que le temps ne peut, elle non plus postuler au statut de dimension de l'Univers.

Toutefois la gravité et ses effets demeurent une condition nécessaire à la manifestation du monde et à sa perception. Tous les objets lui doivent la constitution de leur structure et le fait de se différencier les uns des autres par leur forme ou leur masse volumique.

Source de l'attraction des objets entre eux et origine des impacts contribuant à leur désintégration, elle est à la fois le complément du temps et son opposé. Et si le temps permet de séparer les événements, la gravité sépare les états et les formes : elle les rend distincts.

La gravité est une dimension du monde au même titre que l'espace et le temps. Elle est la forme transmutée d'une dimension fondamentale de l'Univers.

Sans elle rien n'existe, tout s'effondre.

2b. 1 : La balle de golf, à la masse constante, volera plus loin sur la Lune que sur Terre (du fait de la différence de gravité entre les deux planètes) et indéfiniment dans l'espace.

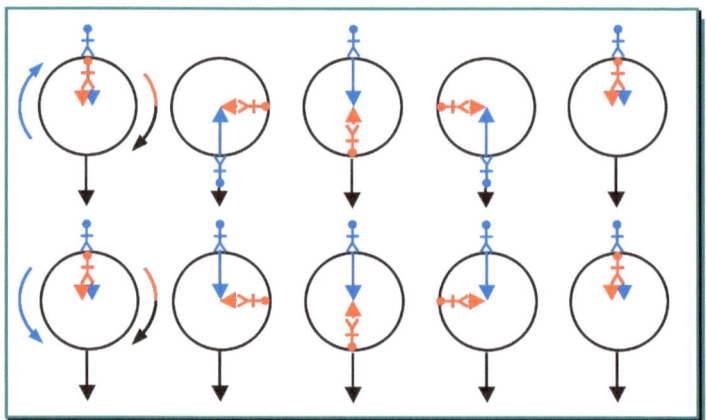

2b 2 : Au cours de son voyage le sens référent de la gravité du voyageur (bleu) n'est en accord avec celui du référent (rouge) que lorsqu'ils occupent la même position. Il n'y a que le voyageur (bleu) qui allant vers l'ouest voit la direction de la gravité rester la même. En noir, la force d'attraction du Soleil.

46

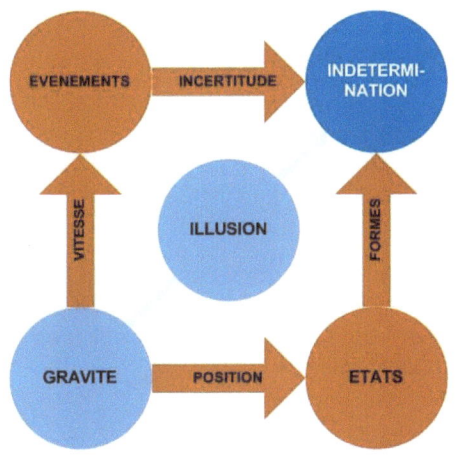

Une réalité multiple : l'indétermination

Le temps et la gravité sont les éléments de notre monde qui nous assurent de l'ordre unidirectionnel des événements et des états. Leur combinaison est à l'origine de l'irréversibilité de leur enchainement, ce que l'on nomme la *causalité*.

Les « lois » qui en sont issues constituent le postulat par lequel nous distinguons dans une évidence universelle la réalité de l'improbable.

Leur commune relativité nous met paradoxalement dans l'impossibilité de préciser la forme ou l'état émergeant d'un événement. Tout au plus nous rend-elle certain, sans qu'il soit nécessaire qu'ils se réalisent ou mêmes qu'ils existent, leur filiation. Elle nous place devant une réalité multiple et indéterminée.

Ainsi, en suivant l'ordre et la direction apparente qu'elle nous impose, la tâche que nous découvrons sur un support est obligatoirement la conséquence de l'impact d'une goutte de liquide, mise en mouvement par la gravité, avec ce support. Les lois de l'entropie nous permettent même d'être certain des dimensions relatives de la goutte dont elle émane.

Mais n'ayant pas perçu l'événement initial, et sans pouvoir mettre en doute son existence, il nous faut bien admettre que nous ignorons tout du mouvement précédent l'impact, même s'il y a de fortes probabilités que la goutte soit tombée « d'en haut » par gravité.

Si au contraire nous percevons la goutte d'eau en suspension, il est certain, toujours d'après le même postulat de la causalité, que sous l'effet de la gravité elle va entrer en collision avec un obstacle et consécutivement changer d'état pour devenir, sur ce support, une tâche dont seules seront certaines les dimensions, mais en aucun cas la forme.

La relativité des éléments de la causalité nous place devant un mystère de la réalité que Schrödinger a illustré dans une fameuse, bien que fictive, expérience en enfermant un chat, une fiole de poison et un marteau dans une boîte : la mort prochaine du chat est certaine, mais pas la date à laquelle elle intervient.

Tant que le couvercle de la boîte n'est pas soulevé, l'intérieur et l'extérieur (auquel l'observateur est associé) appartiennent à deux réalités distinguées. L'une contenant l'autre, on peut parler ici de « niveaux de réalité ».

Le contenu de la boîte (le chat, la fiole et le marteau) ne lui étant pas perceptible, l'observateur ne peut confirmer son existence et encore moins déterminer son état. Il ne peut pas plus leur imposer « sa » causalité. Le niveau de réalité composé du contenu est libre de suivre un autre postulat.

Le chat peut donc mourir, ressusciter ou bien rester dans l'un ou l'autre des états, il n'y a qu'une fois le couvercle soulevé et les deux niveaux de réalités réunifiés et soumis au même postulat de la causalité que cet ensemble devient perceptible et tangible, donc réalisé et certain.

La mort du chat n'est certaine que contrainte au seul niveau de réalité de l'observateur et de la boîte fermée ou une fois la boîte ouverte, lorsqu'il n'y a plus qu'un seul niveau de réalité.

Si nous percevons le monde et tous les objets qui le constituent, c'est que, sous l'effet de l'entropie ou des impacts dont ils ont été les protagonistes, ils émettent, renvoient ou réfractent de l'énergie et des particules que nous rencontrons, nous trahissant leur existence.

En conséquence, il nous est impossible de percevoir - et donc de considérer comme faisant partie du même niveau de réalité - un objet n'émettant aucune énergie ou qui attirerait de l'énergie.

Pourtant, et pour les mêmes raisons nous sommes aussi en mesure, par contraste avec les astres, de distinguer les trous noirs et le fond diffus stellaire. C'est donc qu'il existe, par complémentarité, un niveau de réalité reposant sur un postulat de la causalité en opposition avec celui qui fonde notre propre niveau de réalité.

Un observateur ne peut être présent qu'à un sens de l'entropie mais sans être limité à l'expérience de ce seul postulat.

En modifiant le sens des éléments relatifs de la causalité (en projetant un film à l'envers, par exemple) il est possible à un même observateur d'admettre comme tout aussi réel deux états ou événements en opposition l'un envers l'autre à la condition de n'en percevoir qu'un seul.

La gravité peut donc aussi bien provoquer la chute d'un verre et le briser que le soulever et le constituer au bord d'une table, tout dépend du postulat auquel celui qui l'observe est présent.

Placé devant les deux à la fois il n'en verra aucun. Percevant l'un à la suite de l'autre, le premier sera considéré comme la norme, levant ainsi l'ambiguïté quant au sens chronologique du temps et à celui de la gravité et définissant la réalité, l'endroit. Le second devient alors l'envers, l'illusion.

Cette distinction n'a pas d'autre critère que l'a priori institué par l'observateur lui-même et dont l'origine est son postulat de la causalité. En conséquence de cette relation, la réalité distinguée et perçue par un observateur ne peut lui livrer que des lois incertaines et incomplètes.

En s'appuyant sur le même principe de complémentarité qui permet à un observateur de concevoir un trou noir, ce qu'il ne perçoit pas directement du monde - et par extension de l'Univers - n'est de ce fait pas contraint à se référer au même postulat de la causalité que celui auquel il est présent.

L'Univers n'est pas uniquement et définitivement constitué des seuls niveaux de réalité directement accessible à l'observateur parce que reposant sur le même postulat de la causalité que lui.

Le contraindre aux seules limites imposées par le postulat de la causalité institué par l'observateur serait confondre monde et Univers.

Cette confusion illustre la méprise universelle, mais réconfortante, née de la nécessité, au regard du caractère relatif du temps et de la gravité, de percevoir le monde comme réel face à un Univers incertain.

Cette réalité est la moindre des incertitudes.

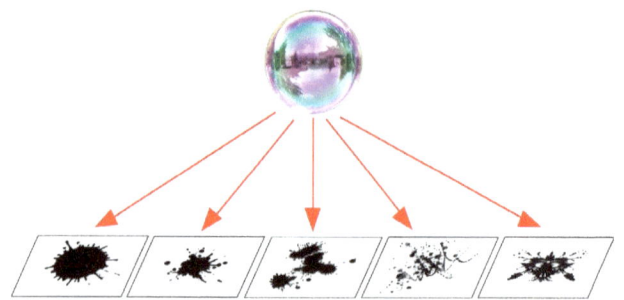

2b.1 : La gravité est à l'origine de chacune des tâches dont aucune pourtant ne sera identique quelque soit le nombre d'événements.

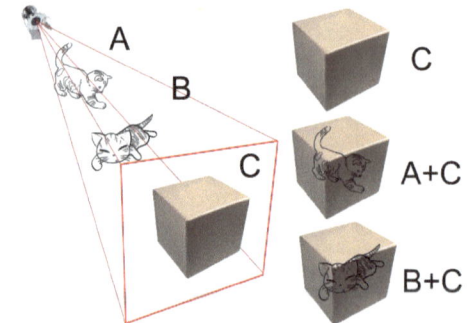

2c.2 : Il y a autant de réalités possibles que de combinaisons des éléments.

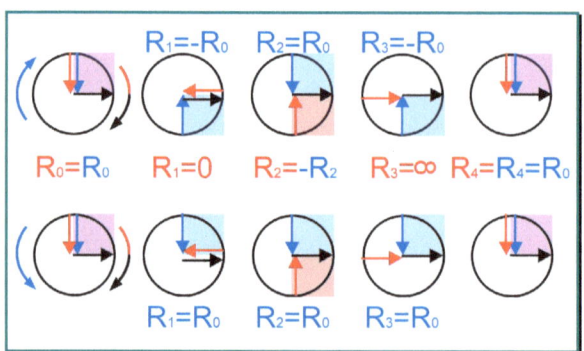

2c 3 : La région de réalité (R) du référent (rouge) et du voyageur (bleu) ne sont concordantes qu'à la condition que la direction de leurs gravités soit commune. Lorsque l'un ou l'autre voit sa direction de la gravité être en opposition avec celle rencontrée plus tôt, il est dans une région de réalité inverse de la précédente.

50

Manifestation et représentation

L'évidente apparence existe tout autant que la réalité.

Ce n'est qu'en franchissant, dans un sens ou dans l'autre, l'écran de l'horizon des événements où nous apparaît l'évidence du monde (en passant « derrière le rideau ») que l'on distingue le mirage de la réalité.

Ce que chacun perçoit du monde est, en vérité, tout entier un trompe-l'œil. Une illusion elle-même issue d'une autre illusion. Ce tour de passe-passe qui nous certifie la réalité de ce que nous percevons aussi bien que le réalisme de ce que nous imaginons, est la causalité.

L'impossibilité de distinguer l'image de synthèse de l'image vraie, toutes deux en apparence aussi « virtuelles » sur l'écran de projection d'un film en est le parfait exemple.

Cette absence de tout contraste discriminant s'explique, au-delà de notre connaissance acquise, par la relativité des référentiels sur lesquels reposent, la réalité de notre monde, le temps et la gravité.

Le mouvement centrifuge consécutif de l'entropie des objets constitue le moteur de perception du monde. Il « déroule » le temps. A l'inverse le mouvement centripète, consécutif de l'attraction des éléments et des objets, constitue le moteur de manifestation du monde.

C'est la combinaison de ces deux opposés qui nous certifie comme évident et réel ce qui n'est qu'une illusion et en conséquence nous permet de remettre en cause la réalité de ce qu'elle nous certifie comme vrai, c'est la mécanique de la « réalisation » du monde.

Assurés de son immobilité, alors même que Hubble nous a démontré par sa constante l'expansion universelle, les constituants de cette mécanique, aussi relatifs qu'ils sont manipulables, nous mettent dans la position de concevoir que l'attraction universelle « enroule » l'Univers.

Nous devons en conclure que les fondements à l'origine de l'évidente réalité de notre monde, ceux là même qui constituent la causalité sont des artifices au service de la manifestation du monde.

Si le reflet de la lune apparaît à chacun de manière identique, un cône de lumière orienté dans la direction de l'observateur, Il n'y que le reflet qu'il perçoit qu'il peut raisonnablement considérer comme réel. Ceux qui apparaissent, avec pourtant la même évidence, aux autres observateurs sont pour lui des artefacts.

Mais à moins d'admettre que l'océan tout entier est recouvert du reflet de la lune, il nous faut bien convenir que ces reflets constituent une illusion collective.

L'image de l'évidence du monde est le produit de sa manifestation et de sa perception par l'observateur, l'un et l'autre placé d'un côté de l'écran. Sans manifestation du monde il ne pourrait être perçu et sans personne pour le percevoir, il ne se manifesterait pas.

L'évidence du monde n'est qu'un hologramme, présent à notre horizon des événements, produit de deux projections ayant deux sources distinctes mais guidées par la même causalité réversible dont l'ensemble des deux occurrences opposées est, lui, irréversible.

L'évidente réalité du monde est le résultat d'une double méprise.

En conséquence les lois fondamentales de l'Univers *ne peuvent inclure dans leurs équations ni le temps ni la gravité et doivent s'affranchir de toute causalité.*

3. LA CONSTRUCTION DE L'UNIVERS

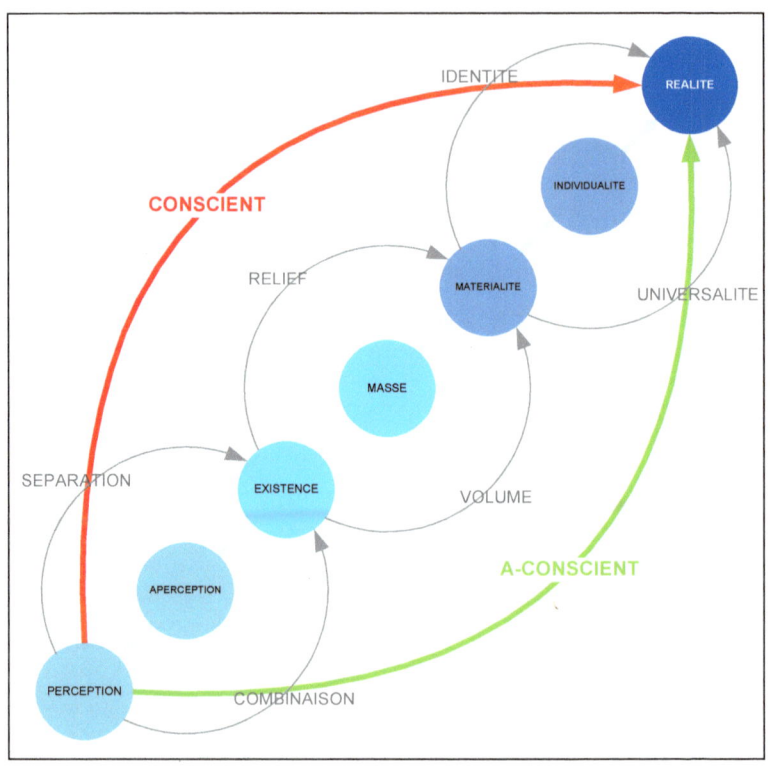

L'expérience du monde, pas plus que son évidence ne peuvent nous délivrer du doute de sa parfaite consistance et encore moins nous livrer les lois certaines qui le régissent.

Si celui-ci, sitôt quitté l'espace des rêves, nous impose son omniprésence, qui n'est qu'un trompe-l'œil que nous nommons la réalité.

C'est pourtant à partir des composants de cette même présence insaisissable et par l'exploration de ce même monde illusoire que se construit au fil de notre expérience notre conception, puis notre représentation d'un Univers, seul lieu de certitude, dont ce monde sensible est dérivé tout en restant inclus en lui.

Ce dernier se déploie dans l'espace émergent de la combinaison des dimensions et des forces et se manifeste par le truchement du temps et de la gravité.

Un tel dispositif contribue à nous faire partager universellement, au-delà de nos expériences solitaires, la représentation consciente d'un même monde et d'un même Univers. Mais sans rien garantir d'autre.

Toutefois, avant même notre éveil nous sommes « présents » à une deuxième instance du monde, *a-consciente* celle-là, dont l'espace est constitué, entre autres, par l'imaginaire et le rêve.

Bien que semblable, parce que peuplée de nos perceptions vécues, aucune contrainte spatiale ou temporelle n'en limite le champ. L'ensemble de l'Univers peut y être exploré et chaque événement peut y être vécu à l'infini au gré d'une mystérieuse inspiration.

Tout ce qui est invisible ou imprévisible y est perceptible, tout ce qui est inconnu y peut être, tout ce qui est impossible y est possible.

Ce monde, que nous rêvons parfait (dans sa beauté ou son horreur), nous apparaît dans les mêmes termes que le monde que nous percevons consciemment une fois éveillés. Il est irréellement réel.

Bien que la vue, l'ouïe, l'odorat, le goût et le toucher nous permettent, chacun, d'appréhender une *partie* spécifique de ces deux mondes, seules la vue et l'ouïe possèdent une mécanique pouvant participer à la découverte de leur *structure*.

L'absence de tout media pouvant porter jusqu'à un récepteur une émission et l'y faire persister, nous indiquent le seul sens permettant de percevoir un monde sans temps, comme mis en pause. C'est la vue, unique analogue capable de ce tour de force et susceptible de constituer une représentation immédiate et instantanée.

Nous le privilégierons donc ici – comme il l'est dans l'aventure onirique - sans plus de justification.

Ceci précisé, la structure commune à toutes les possibilités rêvées ne se révèle à nous qu'une fois réveillés, qu'une fois présents au monde dit réel et dénommé ainsi pour le différencier du monde des rêves.

Ayant pour contrepartie de sa « réalité » l'omniprésence de la causalité et les limites imposées par le temps et l'espace (à la différence de celui que nous habitons dans le sommeil), ce monde ne se laisse saisir qu'en partie, par morceaux.

En reconstituant le puzzle de nos perceptions nous retrouvons, sans jamais l'atteindre, la perfection achevée de l'autre monde.

C'est en explorant ce processus de perception consciente du monde que nous pourrons comprendre comment est constituée la structure de cette seconde représentation où tout est possible.

Ce travail accompli, nous serons en mesure de construire un modèle de l'Univers, matrice de toutes les possibilités au sein de tous les mondes possibles (dont le nôtre), *origine et recueil de toutes les Lois*.

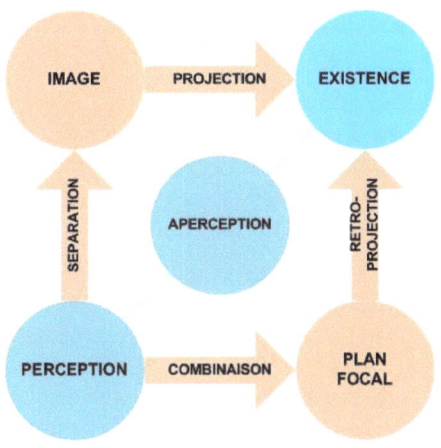

L'image des parties

A notre éveil au monde, comme à chacun de nos réveils, le premier contact perceptif, la première *perception* du monde s'établit hors du temps ou, plutôt, comme « posée » dans un temps primaire, immobile.

L'acquisition de l'*existence* du monde s'accomplit par la perception d'*instantanés* qui ne sont que des parties du monde limitées aux capacités de nos organes percepteurs. Jamais le monde ne s'offre à nous dans sa totalité, ni dans son étendue infinie, ni dans son infini détail.

Il ne s'offre pas non plus sans rien. Notre système perceptif est ainsi fait qu'il ne perçoit que s'il peut « distinguer », c'est-à-dire séparer une partie d'un ensemble (on parle du *pouvoir séparateur* de l'oeil), morceau qu'on dénommera ici objet.

L'*image* du monde issue de cette perception première, ainsi que toutes celles qui suivront, n'est présente que dans l'éther qui sépare le sujet senseur et l'objet projecteur. Elle n'a de support que la source de sa projection et le capteur qui la saisit. Mais en ces deux points elle ne peut trouver l'espace nécessaire à son déploiement.

Si, au lieu de la vue, on avait associé l'instantané de cette perception partielle du monde à l'ouïe, le produit n'aurait été au mieux qu'un « larsen », mais plus vraisemblablement un son silencieux. Les spécificités physiques d'un sens ne pouvant entrer ici en ligne de compte il faut voir en ce récepteur une surface plane, unique et impressionnable.

Figée et unique l'image première du monde ainsi acquise est double (pour des raisons semblables à celles qui font du monde une double illusion). Elle est, en effet, la combinaison de la *projection directe* issue de l'objet ou du monde et de la *rétroprojection* de la même perception, mais issue de nos propres sens.

Cette « rétro-projection » de l'image est absolument nécessaire à l'accomplissement de la perception : un sujet senseur monoculaire ou « cyclope », à l'instar d'un opérateur photo, ne peut capter un instantané net projeté par un objet qu'au seul *plan focal*. Et il ne pourra observer cette image qu'une fois celle-ci projetée à son tour sur un écran ou fixée sur un support papier, sur un deuxième plan focal. Il existe donc bien deux projections tout à fait identiques en dehors de leurs sources.

Ceci étant précisé, si l'évidence du monde et sa réalité ne sont pas mis en cause sitôt acquise cette première image, il est loin d'en être de même pour les « parties » ou objets qui le composent. Au sein de cette image en trompe-l'œil, l'objet doit, pour exister, s'en distinguer. Il doit nous être donné de percevoir le monde et l'objet.

Et, pour y parvenir, une seule image ne suffit pas.

La première image, ainsi que toutes les autres, ne se déploient encore que dans l'espace délimité par seulement deux dimensions, auxquelles il nous faut adjoindre une dimension sans laquelle il lui serait impossible de franchir l'éther séparant le projecteur du récepteur : celle du *temps primordial*, le temps de traitement psychique de la perception, ou aperception.

Si plus d'un sujet senseur, toujours « cyclope », est présent au même objet, ils n'ont pas plus de chance les uns que les autres de distinguer un objet du monde, que ce soit par la modification de la *position* du sujet autour de l'objet ou par celle de l'*attitude* de ce dernier.

Mais, si ces mêmes sujets *combinent* leurs perceptions, l'image produite par cette rétro-projection sera comme issue de deux observateurs qui n'en feraient plus qu'un.

Cette situation suppose impérativement que l'image perçue par l'un soit en conflit avec l'image perçue par l'autre, plusieurs senseurs ne pouvant occuper en même temps la même position. Sans autre modification possible que ce soit sur les positions des sujets ou l'attitude de l'objet dans le temps de l'aperception, ce conflit ne peut aboutir à distinguer l'objet.

A l'inverse, si un seul sujet senseur combine au sein d'une seule et même rétroprojection les perceptions issues d'au moins deux récepteurs séparés, toujours pour les mêmes raisons, l'un de l'autre, l'image unique et instantanée ainsi obtenue aura nécessité qu'une perception serve de référent à l'autre et inversement.

Sans entrer dans le détail des spécificités neuro-anatomiques ou psychiques du traitement de l'image par le cerveau humain (en particulier la double-demi-image saisie par chaque œil), nous dirons que celui-ci est doué de stéréoscopie.

Tel un télémètre à coïncidence, la parallaxe née de la situation différente des deux récepteurs par rapport à l'objet ajoute aux deux dimensions d'espace de chaque perception, suffisantes à la *présence* au monde de l'objet, une troisième qui précisant la distance qui le sépare du récepteur donne également l'illusion du relief de cet objet.

Bien que figée l'image réunifiée ainsi obtenue et retro-projetée est – en tout ou partie - « floue », comme pour un appareil photo mal réglé. Conséquence de la combinaison des deux occurrences du temps (naissant) nécessaire à l'aperception monoculaire, ce flou en est sa représentation dérivée et donne ainsi à le voir.

L'acquisition stéréoscopique de cette image instantanée et immatérielle (sans masse) restitue donc (ou donne ?) au monde toutes ses dimensions d'espace et en fait apparaître une nouvelle qui sera le « berceau » du Temps.

Dotés de toutes ces dimensions le monde et l'objet acquièrent chacun leur « *ex-istence* ».

Pourtant, même développée dans toutes ses dimensions l'image issue du processus de l'aperception ne représente jamais qu'une partie de ce monde au sein duquel les objets ne livrent toujours que l'illusion de s'en distinguer.

Mais elle porte déjà en elle toutes les clés de *la construction de l'Univers*.

3a.1: Invisible à première vue la passerelle se découvre dès lors que l'on change de position.

3a.2 : Appareil de stéréophotographie et principe de perspective par convergence.

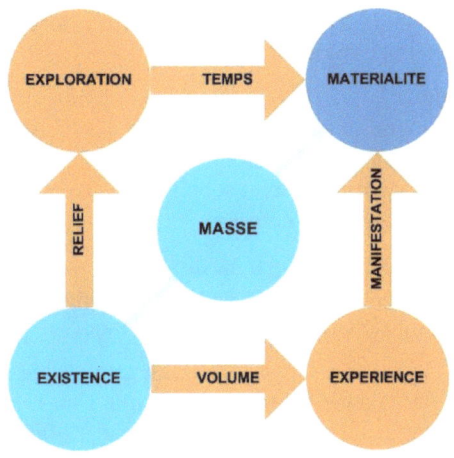

La courbure du temps

L'illusion créée par le relief et le flou qui affecte l'image issue de la première aperception invite l'observateur à poursuivre son exploration afin de déterminer si le volume de l'objet appartient au monde ou s'il s'en distingue, possédant ainsi sa propre substance, *sa matérialité.*

Pour cela il est nécessaire que s'établisse une relation restreinte et privilégiée dans laquelle objet et observateur - et seulement eux deux - soient manifestés l'un à l'autre.

Doit intervenir également une dimension de référence organisant, dans une cinétique spécifique à ce couple, les perceptions qu'ils ont l'un de l'autre. A défaut, l'intervention d'un tiers serait indispensable pour faire l'expérience complète d'un seul objet.

Cette dimension, doublement nécessaire à l'acquisition de la connaissance d'un objet et, par extrapolation, du monde et de l'Univers est le Temps né du temps primordial de l'aperception.

Elle permet à l'observateur d'organiser ses perceptions selon l'ordre des positions qu'il a successivement occupées. Celui-ci peut, dès lors, constituer, une représentation consciente du *volume* de l'objet.

Du fait de cette association la surface couverte par l'image issue de chaque aperception, au-delà de la résolution propre à chaque senseur, est limitée dans le temps et l'espace. Il devient impossible à l'observateur d'explorer l'espace sans également explorer le temps.

Cette dimension de référence contribue, par redondance, pour n'importe quel observateur, même cyclope, à n'importe quel instant de son expérience, à la reconstitution d'une image de l'objet identique à celle issue de l'aperception d'un observateur stéréoscopique, mais ici issue de la combinaison de deux perceptions consécutives.

Sans cette redondance, garantie par la dimension de référence, toutes les images perçues de l'objet ne pourraient que constituer une représentation discontinue, un puzzle sans bords, découpes ou modèle.

Le tracé de cette dimension représente l'état cumulé de l'*exploration* du volume de l'objet par chaque observateur, ce que l'on nomme son chemin d'*expérience*. Chemin qui permet, au-delà de l'objet, et du fait de l'occupation potentielle par d'autres observateurs des différentes positions autour de lui, de faire l'expérience, incidente, des « autres » (observateurs).

Et si nous expérimentons tous le même objet, il nous faut admettre que nous avons en commun la même dimension de référence. Les chemins pris par tous les observateurs étant nécessairement différents les uns des autres, le tracé correspondant à l'occurrence, propre à chaque observateur, de la dimension de référence est aussi unique que la dimension commune.

Elle constitue donc la base d'une structure universelle qui lie toutes nos expériences et toutes nos perceptions, mais qui, pourtant, en est absente. Notre chemin d'expérience est la représentation dérivée de notre parcours sur cette structure insaisissable.

Sans ce système commun d'espace-temps, chacun ne serait présent qu'à son seul monde personnel, dont il serait le centre et l'unique habitant. Les autres individus lui seraient alors inaccessibles ainsi que leurs mondes. Il n'y aurait pas d'autre Univers. Monde et Univers coïncideraient. En plus de lier dans une relation ou relativité restreinte objet et observateur et plus généralement espace et temps, ce système continu d'affecter d'un flou, qui peut librement être dit de mouvement, la représentation consciente de l'objet par l'observateur.

L'ambivalence et l'équivalence entre objet et observateur ne permettent pas de déterminer avec certitude qui fait l'expérience de quoi. Il est tout aussi impossible de déterminer, sans inclure dans leur relation restreinte un troisième intervenant (le référent), lequel est mobile et lequel est immobile. Ils sont donc tous les deux à l'origine de ce flou.

Le flou perçu par l'observateur est le témoin du temps concomitant à son propre mouvement et celui du temps concomitant au mouvement de l'objet. Situés de part et d'autre du référent que constitue l'ensemble objet-observateur leurs mouvements et les temps concomitants sont diamétralement opposés.

Si le flou « observateur » est toujours considéré come positif, le flou « objet » est donc considéré comme négatif, son mouvement et le temps concomitant également. L'un et l'autre ne pouvant revivre à la fois la position et l'instant qu'ils viennent de quitter, l'objet doit donc être admis comme immobile. Le flou « objet » représente donc son *inertie*, ce qui le retient en place. Il est le témoin de sa substance que l'on nomme la *masse*.

Ce flou est la manifestation de l'inertie de l'ensemble objet-observateur, il est également celle de l'inertie du couple espace-temps.

Chaque perception projetée sur un plan focal étant, par nature, en deux dimensions et parfaitement nette, ce flou est la conséquence de la déformation qu'elles subissent – sans l'intervention d'aucun dispositif (optique) - pour se conformer à la structure a-consciente commune et, ainsi mise en « perspective », s'assembler, se combiner aux perceptions contiguës.

Du point de vue de l'observateur, l'image rétro-projetée située entre lui et l'objet subit, pour se conformer à la structure de l'objet, une déformation analogue à celle consécutive à sa perception au travers d'une lentille « mentale » convexe dont le foyer est l'objet. En revanche pour se conformer à la structure de la représentation elle subit une déformation concave dont le foyer est l'observateur. Au cours du trajet unidirectionnel de l'un à l'autre chaque image perçue est déformée deux fois de manière parfaitement symétrique. Au point tangent à ces deux déformations se déploie le plan focal où nous *apparaissent* les images perçues.

En ce point, la masse, qui déforme la manifestation de l'objet et le temps, qui en fait de même pour notre représentation, s'équilibrent parfaitement. C'est à cet endroit particulier de la structure du système objet-observateur, analogue à un *point de Lagrange*, que l'objet trouve l'espace commun à la manifestation universelle de sa présence et à notre exploration de son volume.

Existant du seul fait de l'aperception l'objet acquiert, par la contribution de la masse, sa *matérialité*.

3b.1 : Le Phénanistiscope (à gauche) et le Zooetrope (à droite) sont deux appareils donnant l'illusion du mouvement par l'animation d'images. Ils ne se différencient que par leur dispositif de rotation.

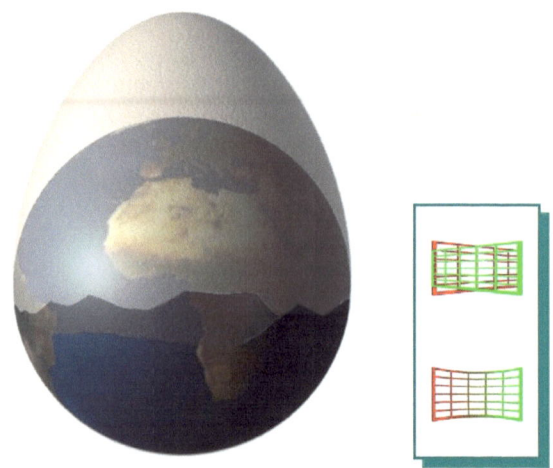

3b.2 : L'appréhension partielle d'un objet ne dévoile rien de sa forme complète. Notre esprit pourtant en préjuge, privilégiant la forme la plus simple (la primitive) au détriment de toute autre, l'œuf par exemple.

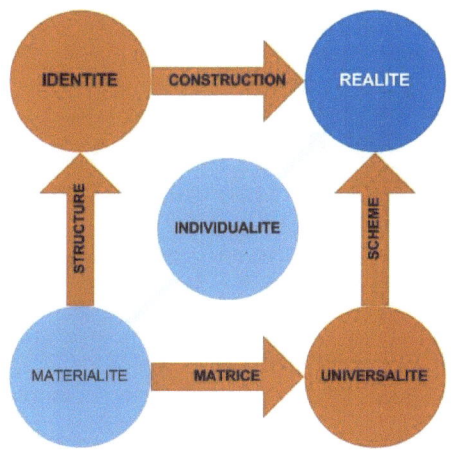

La sphère de la totalité

L'observateur n'ayant plus rien à découvrir de l'objet dont il a déjà « fait le tour », peut désormais représenter mentalement le produit de cette expérience en rassemblant, dans un tout unique, les perceptions éparses de cet objet, réunir le Tout en un.

Pour « géo-localiser » ces images, il est nécessaire que soit constitué un référentiel de *ces coordonnées mentales* permettant en suivant son chemin d'expérience de situer aussi bien dans l'espace que dans le temps chacune d'elles.

Ce tracé est tout à la fois le patron, que nous dénommerons le *modèle*, sur lequel vont être projetées les images perçues – et duquel seront extrapolées les parties non perçues - pour reconstituer l'objet et l'ensemble des possibilités de mouvement de l'observateur (qui n'est, à tout prendre, qu'un objet parmi les autres), autour de lui.

Ce dessin est ce qu'on nomme sa *cinétique*.

Chacun d'entre nous a, du fait de l'enchainement linéaire des perceptions découlant de la « parfaite » référence qu'a été la dimension de temps, l'illusion que son chemin d'expérience est parfaitement droit. Ainsi en est-il de l'homme perdu dans le désert et qui, pourtant, tourne en rond.

65

Du fait que chaque position peut avoir été occupée par plusieurs observateurs à des instants différents, il devient impossible de concevoir que leurs chemins d'expérience soient strictement parallèles. Ils se croisent forcément et tout observateur, pour « boucler » le tour de l'objet, est amené à croiser, au moins une fois, son propre chemin.

Ainsi tous les observateurs ont la confirmation d'avoir fait l'expérience du même objet ; et l'observateur qui l'en avait *distingué* peut enfin le *détacher* du monde. Ce processus de construction de la représentation, de chaque partie à l'ensemble, constitue le modèle de l'expérience du monde.

Du monde et non de l'Univers en raison de l'impossibilité pour tout observateur de faire directement l'expérience de soi : il ne peut acquérir au mieux que la connaissance de la totalité des objets et du monde.

Chaque projection et chacune des rétroprojections consécutives d'une perception du monde a pour origine un point commun et unique.

La déformation nécessaire pour qu'elles se combinent afin de constituer une *image unique* implique que tous les points du tracé soient « distendus » pour se joindre aux points contigus et représentatifs des perceptions concomitantes et consécutives.

Ils ne constituent plus qu'une ligne ininterrompue, ayant un début et une fin, de « surfaces » égales à la surface perçue de l'objet en ce point de son expérience. Le périmètre de chacune d'elle dessine l'horizon des événements à l'instant de la perception et constitue l'unité fondamentale de la structure de la représentation.

De l'objet origine de la projection à l'observateur source de la réprojection, l'image perçue subit deux déformations consécutives inverses et complémentaires. Ainsi tour à tour débarrassée des perturbations du temps et de la gravité, la représentation est identique à l'objet et universelle.

Appliquées à l'ensemble perçu de l'objet comme à chacune des unités distinguées de sa surface, les caractéristiques universelles de ces deux déformations, en dehors de leur complémentarité, nous dévoilent la forme de la matrice d'expérience du monde et le volume du modèle.

La double obligation de voir le tracé de l'expérience se croiser lui-même au moins une fois et, pour chaque point, d'être développé de manière égale dans toutes les directions, n'aboutit qu'à une seule figure : la *sphère*.

Ne restituant pas directement la réalité de l'objet, mais respectant strictement ses proportions sans se dénaturer, elle est sa parfaite matrice structurelle.

Chaque partie distinguée d'un objet sera une instance de cette sphère.

L'ensemble des instances nécessaires pour couvrir la totalité de la surface de chaque objet se combinent à leur tour en une sphère qui les englobe toutes.

Enfin, toutes les sphères « objet » sont contenues dans la sphère du monde dont ces objets ont été distingués comme les parties l'ont été de ceux-ci, en une parfaite et stricte homothétie entre voisines ou parentes.

Par ailleurs, au tout début de l'expérience du monde de chaque observateur toutes ces occurrences sont géométriquement confondues. On peut donc dire de cette structure qu'elle est holographique, permanente et universelle.

Faut-il alors s'étonner que, de la particule élémentaire, atome ou molécule, à l'astre le plus massif, de l'infiniment petit à l'infiniment grand, tous les composants de l'Univers soient perçus – ou à défaut fictivement reconstitués – selon cette même architecture.

N'étant pas une représentation de l'objet – et encore moins son image, mais participant obligatoirement à sa constitution nous pouvons en conclure que cette structure est a-consciente.

Sitôt la connaissance complète d'un objet acquise par sa perception, son expérimentation et enfin sa représentation, il devient ainsi un objet unique ne pouvant plus être confondu avec un objet semblable.

Ses caractéristiques, restituées au sein de sa représentation consciente, constituent, le contexte de son occurrence unique de la structure a-consciente universelle, son *identité*.

L'objet, dont l'image a été distinguée, se détache du monde et acquiert son existence, puis au travers de la collaboration des perceptions issues de son expérimentation, la masse nécessaire à sa matérialité. La sphère de sa totalité le dote de son individualité.

Il a conquis, par la même, sa *réalité*.

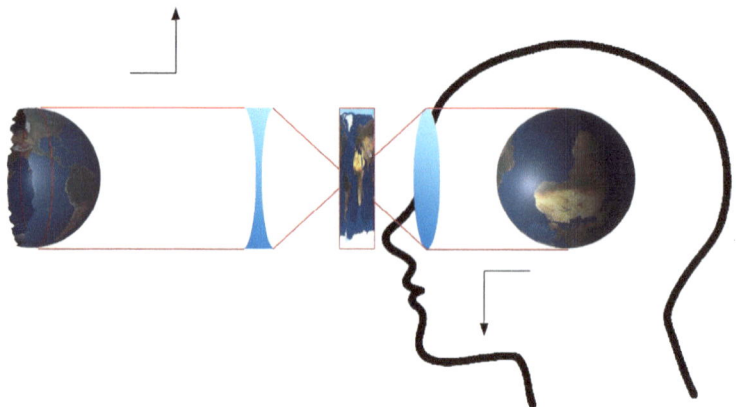

3c.1 : Les déformations complémentaires et consécutives des images perçues permet-
tent de construire une représentation fidèle de la totalité du monde.

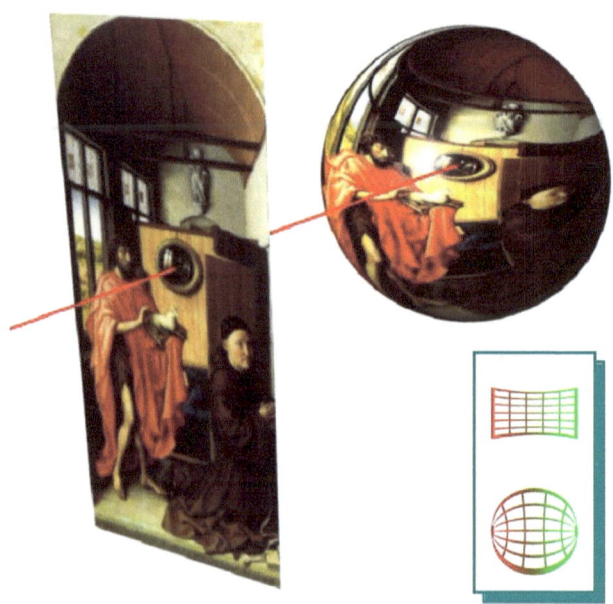

3c.2 : La rétroprojection sphérique place universellement chaque observateur à
l'origine de la représentation du monde. Et l'y réintègre.

La certitude retrouvée

Chacune de nos perceptions, des plus banales et quotidiennes aux investigations scientifiques les plus sophistiqués mobilisant appareillages et stratagèmes, est une occurrence de l'unité spatiale et temporelle de l'expérience du monde. Elle compose le présent insaisissable.

Cette expérience du monde découpée entre le jour et la nuit, l'éveil et le sommeil, l'attention ou l'inattention, l'absence ou la présence à chaque objet spécifique, ne saurait participer à une représentation consciente cohérente et unique sans une structure universelle, imperceptible et a-consciente qui permet aux jours et aux perceptions de se suivre sans donner l'impression d'un éternel recommencement.

Et découpée entre position A et B, cette même expérience ne saurait, en l'absence de cette structure intuitive, combiner les perceptions issues de ces deux positions pour rétro-projeter l'image d'un objet unique et complet.

Cette structure « englobe » par sa forme universelle et impersonnelle tous les objets du monde à la différence de notre représentation consciente qui ne rend compte que du caractère partiel, unique et subjectif de notre parcours d'expérience.

Elle est constituée des seules dimensions d'espace, de temps et de masse, nécessaires à la manifestation de ces objets, qui sont aussi présentes, sous la forme de leur reflet au sein de notre représentation consciente. Le moteur de notre représentation est, en conséquence, l'inverse du moteur de la manifestation, son miroir.

La parfaite complémentarité de ces deux moteurs, dont l'un permet au monde de se manifester et à l'autre de nous le laisser percevoir dans les mêmes termes, constituent un ensemble qui, globalement et paradoxalement, est immobile. Cette mécanique c'est celle de l'Univers.

Transmutant la matière en énergie puis effectuant l'opération inverse, elle fait de la structure a-consciente la matrice primordiale de l'information. Elle assure, par la même, la pérennité de cette structure qui établit la continuité de notre expérience du monde. Elle est le moteur de construction de l'Univers.

 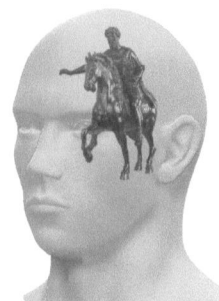

Malgré les limites imposées aux détails, à l'espace et au temps de chaque perception, malgré la discontinuité consécutive de notre propre expérience du monde, notre représentation hérite de cette matrice de référence sa complète continuité.

Du fait de cet égal et universel héritage chaque individu est une partie du monde et la représentation consciente qu'il forme, une partie de la connaissance de sa totalité.

Elle est l'*Intellect Agent.*

En nous fournissant la continuité nécessaire à l'architecture de notre représentation du monde, cette structure, par effet rétroactif, nous restitue le temps sous la forme de l'enchainement des jours et des nuits et nous inspire la *certitude* de ne pas expérimenter un jour sans fin.

En conclusion, en nous délivrant la masse, elle nous *certifie* le caractère permanent et unique de chaque objet que nous expérimentons et qui n'est, à proprement parler, qu'un démembrement momentané du Tout, comme l'est le cheval libéré de sa gangue de marbre par Michel-Ange.

La représentation a-consciente de l'Univers *construit la réalité du monde.*

CONCLUSION

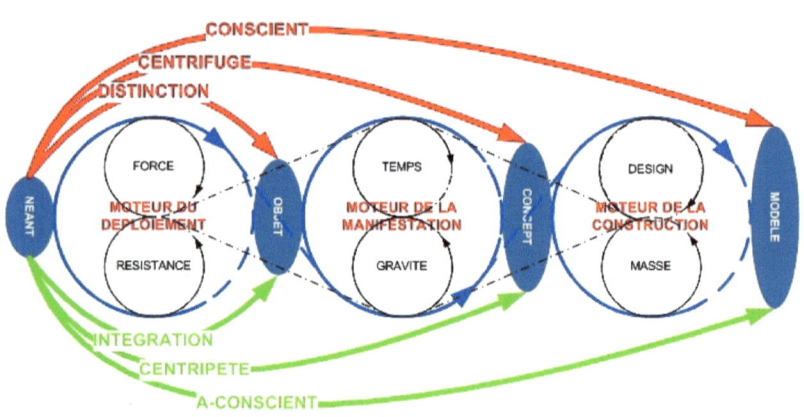

L'évidence et la réalité

Quelle que soit son universalité, l'évidence du monde qui nous est manifestée et que nous dénommons sa réalité nous demeure définitivement relative, infiniment incertaine et irrémédiablement incomplète.

Il n'existe pas, comme on pourrait le croire, plusieurs univers, mais plusieurs « aspects » (ou plusieurs modes) d'un même Univers.

Cette réalité à laquelle nous sommes si attachés n'est que l'image dérivée (par le truchement du temps et de la gravité) de sa réalité parfaite et absolue.

Il est, d'ailleurs, une condition essentielle de notre perception et de notre conceptualisation du monde – son aperception - que nous ne puissions embrasser qu'un *aspect* de l'Univers à la fois.

Toute observation spontanée ou réfléchie - et par conséquent toute notre connaissance du monde - est donc liée à notre relation à lui, ce qu'on appelle notre présence au monde. A ce titre la représentation consciente que nous pouvons en faire ne peut qu'être définitivement relative.

Notre expérience du monde, soumise donc à la relativité du temps et de la gravité, ne nous permet que de percevoir un état ou un événement à la fois. La représentation que nous en formons, en l'absence de vue d'ensemble de son évolution, s'en trouve irrémédiablement incomplète.

Aussi quelle que soit la sophistication des moyens d'observation et de déduction déployés par la science pour reconstruire la face cachée du monde et ainsi lui restituer l'unité du Tout, ils ne nous permettent que de l'approcher en nous maintenant, par l'impossibilité d'en faire l'expérience directe, dans l'incertitude.

Les modalités de notre expérience, toute relative qu'elle soit, du monde et notre représentation spontanée quoique incomplète et incertaine, livrent pourtant à notre intelligence quelques indices sur sa structure *universelle*.

L'Univers est la matrice des mondes

La quête d'un « système du monde » régi par des lois certaines, qui, de Galilée, Newton et Laplace jusqu'à la physique moderne est au cœur de la démarche scientifique est vouée, par sa nature même et comme l'antique tour de Babel, à l'échec.

Nous savons, en effet, désormais que ses frontières sont en expansion, ses masses en mouvement et ses éléments soumis à une constante entropie pour la matière et une constante évolution pour le vivant.

Aucune architecture ne résisterait à cette contradiction entre une tendance au plus grand désordre et une à l'ordre le plus complexe. La science a réussi, tout du moins, à démontrer ses propres limites : toutes ses théories demeureront « restreintes ».

Pour autant la recherche d'une cohérence principielle qui rende compte de manière fixe et certaine des rapports du Tout et de l'Un, qui unisse, sans frontière ni démarcation l'infiniment grand et l'infiniment petit (l'α et l'ω), sans « bords », c'est-à-dire un espace infiniment fini, reste légitime et possible.

Le monde n'est ni un chaos, ni un ordre parfait, mais un sous-ensemble d'un ordre supérieur qui seul peut rendre compte de ses frontières, de son évolution, des lois qui le régissent : l'Univers.

Celui-ci est la matrice des mondes possibles et, particulièrement, de celui qui nous est manifesté.

Toute évolution, toute entropie doit avoir un état originel. Chaque mouvement de masse doit provenir d'un émetteur et aucune frontière ne distingue l'un du néant.

Le monde ne pouvant être le théâtre de la réconciliation du temps et de la gravité, de l'ordre et du désordre, il ne reste que l'Univers pour être le fondement sur lequel repose notre représentation du monde et de l'espace-temps. Insaisissable par la conscience il est, pourtant, l'originel *absolu*.

La dualité états/événements et la double représentation

Les états et les événements constituent le couple irréconciliable des modalités de l'expérience du monde. L'évidente réalité de l'un exclut la détermination précise de la réalité de l'autre malgré son évidence. Pourtant même ainsi il reste possible d'établir une représentation conjointe qui les réunifie.

Tout état manifesté du monde est en filiation directe avec un autre état et non une apparition spontanée de l'ordre à partir du désordre. La manifestation de ce lien (que l'on nomme causalité) constitue l'événement. Ils possèdent, chacun, à ce titre deux niveaux de réalité opposés, le père et le fils, la naissance et la mort.

Et plus on s'éloigne de l'évidence immédiate de l'événement, ou de l'état, jusqu'à considérer le monde dans son ensemble et plus il devient incertain, comme dans l'aporie de Zénon, de pouvoir représenter à la fois la flèche comme atteignant la cible et comme l'ayant atteinte.

Seule une double représentation est en mesure de nous rendre certain ce qui, à chaque niveau de réalité, nous apparaît de plus en plus incertain.

Le monde peut être vu comme la conjonction de deux représentations telles que Schrödinger en a eu l'intuition. Une première de forme parfaitement définie représentative de tous les niveaux de réalité, de tous les états considérés quelque soit leur nombre ou leurs valeurs.

Et une seconde de forme indéfinie, mais parfaitement circonscrite à la première, nécessaire pour que l'événement « le chat va mourir » et « la flèche atteindra son but » mais aussi les états manifestés qui bornent ces événements soient certains.

Peu importe le cheminement aporétique qui occupe le volume du monde, l'inspiration que l'événement est l'espace dans lequel tous ces états sont obligatoirement inscrits et qu'il n'est possible que de représenter l'un conjoint à l'autre nous rend ce monde (et tout ce qu'il contient) *certain*.

Le modèle unifié de l'Univers

Le modèle de l'Univers, matrice des mondes est l'ensemble complet certain et absolu de tous les aspects de tous les mondes.

Ce modèle, pas plus que celui du monde ne peut être conçu sans qu'il soit tenu compte de la représentation consciente des états et de la représentation a-consciente des événements. Il est la conjonction des deux.

L'Univers, et par conséquent son modèle, ne serait qu'un de ses propres aspects s'il n'était pas le Tout duquel nous distinguons chaque événement et chaque état possible des mondes. Nécessairement hors temps (et hors gravité) il est tout à la fois l'ensemble unifié et structuré des états et l'ensemble unifié et indistinct des événements tout en étant à l'origine fondamentale de chacun d'eux.

La représentation consciente de l'Univers est donc l'ensemble complet des états dont il est possible de distinguer n'importe qu'elle filiation, et sa représentation a-consciente est l'ensemble complet des événements. Et le premier qui s'en distinguerait serait obligatoirement un « big-bang ».

La représentation conjointe de la structure consciente et de l'unité a-consciente de l'Univers constitue son modèle. Ce modèle ne peut être celui de l'Univers qu'à la condition que sa structure ne soit constituée que des éléments communs à chaque état manifesté, c'est-à-dire à ce qui constitue leur absolue réalité et qu'il soit certain que la forme indéfinie de l'ensemble complet des événements soit parfaitement circonscrite à cette structure sans omettre quelque événement que ce soit.

Ainsi, tout ce qui est dans l'Univers est dans le modèle et tout ce que révèle le modèle est dans l'Univers.

Conceptualisée dans une géométrie garante d'une parfaite régularité structurelle, la représentation mentale de l'Univers ainsi constituée est alors certaine, complète et absolue. Le modèle est *parfait*.

Il est l'Univers.

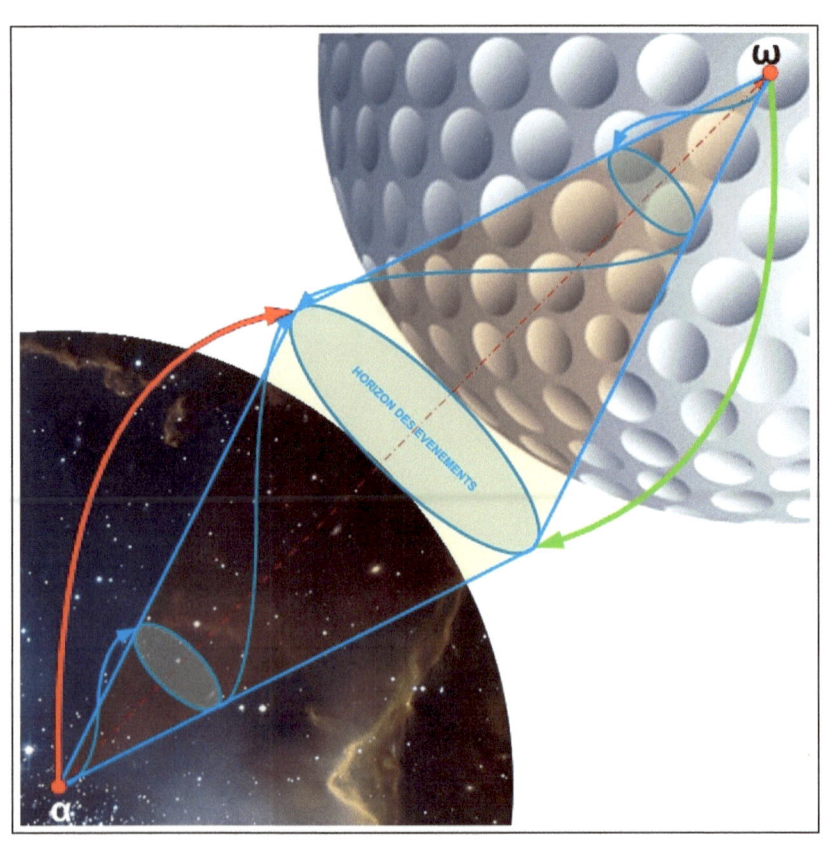

HORIZON DES ÉVÉNEMENTS

78

• On peut imaginer plusieurs mondes, mais il n'y a qu'un seul Univers auquel nous puissions être présent et auquel puisse accéder notre entendement. Notre monde en est dérivé.

• L'Univers comporte 5 dimensions et cinq seulement, dont deux sont substituées pour nous manifester le monde : le temps et la gravité. Ces dernières ne sont pas des dimensions natives de l'Univers.

• En conséquence, aucune des Lois fondamentales ne peut les comporter dans leurs équations.

• Seul l'Univers a des Lois certaines. Elles sont omniprésentes et uniques. Elles s'imposent au manifesté comme au non-manifesté. Tout est « dessiné » : l'Univers est fini et ne connaît ni téléonomie, ni évolution.

• Nous formons de lui et du monde deux représentations : l'une consciente constituée de nos perceptions et des concepts que nous en inférons, l'autre a-consciente (et donc « irréelle »), nourrie des mêmes percepts et concepts sur laquelle se construit la première.

• L'architecture de la représentation a-consciente se forme progressivement au cours de l'ontogenèse neuronale pour se stabiliser à l' « Âge de raison » en une forme primitive stable – et donc universelle -, support de l'*Intellect Agent*.

• La combinaison des deux nous permet d'accéder à un modèle commun de l'Univers, représentation mentale certaine, complète et absolue. Tout ce qui est dans l'Univers est dans le modèle et tout ce que révèle le modèle est dans l'Univers. Il est l'Univers.

• Toutes les découvertes possibles sont lisibles dans le modèle sans qu'il soit nécessaire de les expérimenter. La perfection du modèle, vraie source de l'inspiration scientifique, les certifie.

• L'Univers et son modèle mental sont deux développements d'un même motif premier et directeur, architecturé en une forme primitive, matrice des mondes.

• Tout, de l'infiniment petit à l'infiniment grand - où les passages d'un ordre à un ordre supérieur peuvent être marqués par des ruptures -s'établit en une suite fractale unique ouvrant la voie à une **Théorie Unifiée**.

www.ingramcontent.com/pod-product-compliance
Lightning Source LLC
Chambersburg PA
CBHW041102180526

45172CB00001B/76